现代危险化学品安全管理与技术丛书

化工生产过程安全技术

易　俊　鲁　宁　主编

中国劳动社会保障出版社

图书在版编目(CIP)数据

化工生产过程安全技术/易俊，鲁宁主编．—北京：中国劳动社会保障出版社，2010

现代危险化学品安全管理与技术丛书

ISBN 978-7-5045-8537-0

Ⅰ.①化… Ⅱ.①易…②鲁… Ⅲ.①化工过程-安全技术 Ⅳ.①TQ086.3

中国版本图书馆 CIP 数据核字(2010)第 181594 号

中国劳动社会保障出版社出版发行

(北京市惠新东街 1 号　邮政编码：100029)

出 版 人：张梦欣

*

中国铁道出版社印刷厂印刷装订　新华书店经销

787 毫米×960 毫米　16 开本　8.75 印张　151 千字

2010 年 9 月第 1 版　　2010 年 9 月第 1 次印刷

定价：22.00 元

读者服务部电话：010-64929211/64921644/84643933

发行部电话：010-64961894

出版社网址：http：//www.class.com.cn

内容简介

化工行业是国民经济的基础工业，同时又是潜在危险性较大的行业。目前我国的化工生产安全形势比较严峻，各类事故和职业危害频繁发生，已成为制约化学工业健康发展的重要问题。本教材主要针对化工生产过程中的操作人员在生产过程中需掌握的安全生产技术进行介绍，主要内容包括化工反应安全技术、化工单元操作安全技术、化工电气及静电安全技术以及化工检修安全技术等几部分内容。

本书立足于现代化工生产的实际和安全发展需要，结合最新的化工安全领域的法规、标准，在收集大量实用的新资料的基础上编写的，全书的编写注重基础性和实用性，内容层次清晰、重点突出、精练简洁，具有较强的系统性、实用性和可操作性。

目　录

第一章 概论

第一节 化工生产的特点与安全

化学工业在国民经济建设中的地位十分重要。化学工业生产的产品品种多、用途广，不但直接关系到广大人民群众的衣、食、住、行，而且从工业到农业、从民用到国防、国民经济建设的各个方面都与化学工业有着密切的关系。从一定意义上来说，化学工业的发展水平，可以反映一个国家的工业化水平。

化工生产具有易燃、易爆、易中毒、高温、高压、有腐蚀性等特点，与其他工业部门相比具有较大的危险性。

一、化工生产中涉及的危险品多

化工生产中使用的原料、半成品和成品种类繁多，绝大部分是易燃、易爆、有毒、有腐蚀的化学危险品。在生产、使用、运输中管理不当，就会发生火灾、爆炸、中毒和烧伤事故，给安全生产带来重大的影响。

二、化工生产要求的工艺条件苛刻

首先，化学工业是多品种、技术密集型的行业，每一种产品从投料到生产出产品都有其特定的工艺流程、控制条件和检测方法；其次，化学工业发展迅速，新产品层出不穷，每一种新产品推出都要经过设计准备、工艺准备和试制；最后，化工生产过程多数在高温、高压、密闭或深冷等特定条件下进行。没有严格的管理工作和相应的技术措施，就无法实现正常生产，无法在生产中做好防火防爆以及防腐蚀和控制污染的工作。

三、生产规模的大型化

近几十年来，国际上化工生产采用大型生产装置是一个明显的趋势。以合成氨为例，20 世纪 60 年代初合成氨生产规模为 12 万吨/年，60 年代末达到 30 万吨/年，70 年代发展到50 万吨/年，90 年代以后发展到了 60 万吨/年，21 世纪后达到了 100 万吨/年以上。采用大型装置，可以明显降低单位产品的建设投资和生产成本，有利于提高劳动生产率。

四、生产过程连续化、自动化

现代企业的生产方式已经从过去的手工操作、间歇生产转变为高度自动化、连续化生产，生产设备由敞开式变为密闭式，生产装置由室内走向露天，生产操作由分散控制变成集中控制，同时也由人工手动操作发展到计算机控制。例如，年产 35 万吨合成氨、44 万吨尿素的日本鹿岛氨厂只有 100 人；美国联合化学公司年产 60 万吨乙烯的工厂，有 20 台裂解炉，全厂有 1 000 多台仪表和一台计算机，全部集中在控制室操作，每班只有 7 个人。

五、高温、高压设备多

许多化工生产离不开高温、高压设备，这些设备能量集中，如果在设计制造中，不按规范进行，或在操作中失误，就可能发生事故。

六、工艺复杂，操作要求严格

一种化工产品的生产往往由几个车间（工段）组成，在每个车间又由多个化工单元操作和若干台特殊要求的设备和仪表联合组成生产系统，形成工艺流程长、技术复杂、工艺参数多、要求严格的生产线。要求不得擅自改动，严格遵守操作规程，操作时要注意巡回检查、认真记录，纠正偏差，严格执行交接班制度，注意上下工序联系，及时消除隐患，否则将易导致安全事故发生。

七、“三废”多，污染严重

化工生产中产生的废气、废水、废渣较多，且成分复杂，许多物质具有可燃、易燃易爆、有毒有害、有腐蚀等特性，如控制不当，易造环境污染和安全生产事故。

八、事故多，损失重大

20 世纪，特别是 20 世纪 50 年代以来，化学工业飞速发展，事故也是不断发生。美国、日本和西欧各国等发达国家化工企业爆炸、火灾事故不断。

化工生产安全目标是在生产过程中保护职工的安全和健康，防止工伤事故和职业性危害；在生产过程中防范其他各类事故的发生，确保生产装置的连续、正常运转，保护国家财产不受损失。

第二节 化工生产的危险性

化工生产中的原料和产品绝大多数为易燃、易爆及有毒、有腐蚀性的物质，生产工艺连续性强，集中化程度高，技术复杂，设备种类繁多，极易发生破坏性很大的事故。化工行业成为现代工业中危险源最集中、危险性最高的行业之一。我国化工重大安全事故中燃烧与爆炸、电气事故、静电与雷电事故、职业中毒与尘肺、压力容器爆炸、化工厂腐蚀为最常见，其中爆炸引起的平均死亡人数最多，其次是火灾、中毒、灼烫。

美国保险协会（AIA）对化学工业的 317 起火灾、爆炸事故进行调查，分析了主要和次要原因，把化学工业危险因素归纳为以下9个类型。

一、工厂选址

主要包括：

1. 易遭受地震、洪水、暴风雨等自然灾害。

2. 水源不充足。

3. 缺少公共消防设施的支援。

4. 有高湿度、温度变化显著等气候问题。

5. 受邻近危险性大的工业装置影响。

6. 邻近公路、铁路、机场等运输设施。

7. 在紧急状态下难以把人和车辆疏散至安全地。

二、工厂布局

主要包括：

1. 工艺设备和储存设备过于密集。

2. 有显著危险性和无危险性的工艺装置间的安全距离不够。

3. 昂贵设备过于集中。

4. 对不能替换的装置没有有效的防护。

5. 锅炉、加热器等火源与可燃物工艺装置之间距离太小。

6. 有地形障碍。

三、结构

主要包括：

1. 支撑物、门、墙等不是防火结构。

2. 电气设备无防护措施。

3. 防爆通风换气能力不足。

4. 控制和管理的指示装置无防护措施。

5. 装置基础薄弱。

四、对加工物质的危险性认识不足

主要包括：

1. 在装置中原料混合，在催化剂作用下自然分解。

2. 对处理的气体、粉尘等在其工艺条件下的爆炸范围不明确。

3. 没有充分查明因误操作、控制不良而使工艺过程处于不正常状态时的物料和产品的详细情况。

五、化工工艺

主要包括：

1. 没有足够的有关化学反应的动力学数据。
2. 对有危险的副反应认识不足。
3. 没有根据热力学研究确定爆炸能量。
4. 对工艺异常情况检测不够。

六、物料输送

主要包括：

1. 各种单元操作时对物料流动不能进行良好控制。
2. 产品的标示不完全。
3. 风送装置内的粉尘爆炸。
4. 废气、废水和废渣的处理。
5. 装置内的装卸设施。

七、误操作

主要包括：

1. 忽略关于运转和维修的操作教育。
2. 没有充分发挥管理人员的监督作用。
3. 开车、停车计划不适当。
4. 缺乏紧急停车的操作训练。
5. 没有建立操作人员和安全人员之间的协作体制。

八、设备缺陷

主要包括：

1. 因选材不当而引起装置腐蚀、损坏。
2. 设备不完善，如缺少可靠的控制仪表等。
3. 材料老化。
4. 对金属材料没有进行充分的无损探伤检查或没有经过专家验收。
5. 结构上有缺陷，如不能停车而无法定期检查或进行预防维修。
6. 设备在超过设计极限的工艺条件下运行。
7. 对运转中存在的问题或不完善的防灾措施没有及时改进。
8. 没有连续记录温度、压力、开停车情况及中间罐和受压罐内的压力变动。

九、防灾计划不充分

主要包括：

1. 没有得到管理部门的大力支持。
2. 责任分工不明确。
3. 装置运行异常或故障仅由安全部门负责。

4. 没有预防事故的计划，或即使有也很差。

5. 遇有紧急情况未采取得力措施。

6. 没有实行由管理部门和生产部门共同进行的定期安全检查。

7. 没有对生产负责人和技术人员进行安全生产的继续教育和必要的防灾培训。

瑞士再保险公司统计了化学工业和石油工业的102起事故，分析了上述9类危险因素所起的作用，结果见表1—1。

表1—1　化学工业和石油工业的危险因素对事故的作用

类别	危险因素	危险因素的比例/%	
		化学工业	石油工业
1	工厂选址	3.5	7.0
2	工厂布局	2.0	12.0
3	结构	3.0	14.0
4	对加工物质的危险性认识不足	20.2	2.0
5	化工工艺	10.6	3.0
6	物料输送	4.4	4.0
7	误操作	17.2	10.0
8	设备缺陷	31.1	46.0
9	防灾计划不充分	8.0	2.0

第三节　化工安全生产的主要对策

第一，设计、施工、制造、质量监督单位和生产企业必须严格遵守国家、行政机构为保证安全生产所颁布的法律、行政法规、标准规范。

第二，企业员工必须遵守企业（单位）为确保安全生产，根据国家、行业有关法律行政法规和相关规范及自身的具体情况所制定的规章制度。一般而言，法律法规、技术标准具有更宽泛的性质和意义，是一个共性的要求，但是，对于每一个企业，除了共性的必须严格遵守外，由于企业实际情况、行业、地域、人员素质等的特殊性，又必须有自己独特的要求，以保证安全生产。这些就是企业的安全管理制度及操作规程。

第三，严格执行操作规程、检修规程、安全规程，杜绝违章指挥、违章操作、违反劳动纪律（简称“三违”）等现象。化工生产是在设备内密闭连续进行的，流程长，设备复杂，其参数和步骤控制严格，不允许有差错。因此，在化工生产过程中，必须严格执行操作规程、检修规程和安全规程，执行规程是安全生产的基本保证。

第四，加强安全教育，必须深入开展安全教育，增强安全意识，使相关人员了解国家有关法律法规、行业技术规程标准和规范，掌握本单位的操作（检修）规程和安全规程，熟知本单位的安全管理有关的规章制度，懂得一定的安全知识，如燃烧和爆炸的特性和机理、防火手段、灭火措施、毒物的性质、中毒表现和急救等。

第五，加快技术进步，切实落实安全技术措施和手段。提高科技水平是实现安全生产的重要途径。如消防设施和消防器材的设置、使用和研发，防尘、防毒、通风与振动消除、高频辐射和辐射保护、放射性保护技术的研制、开发和使用，设备和材料的缺陷、损伤、疲劳的诊断技术的开发和应用，减少污染和危险的工艺开发和应用，低危险材料的研制、开发和使用，防止故障对设备、工艺的物理参数的检测的措施，如自控仪表、连锁等，以及安全系统工程如危险性评价、事故预测分析、装备的可靠性分析等的推广和应用。

第二章　化工反应安全技术

第一节　化工反应过程危险性

一、易燃易爆性

易燃易爆的化学品在常温下经撞击、摩擦、热源、火花等火源作用，会发生燃烧与爆炸。燃烧爆炸的能力大小取决于这类物质的化学组成。化学组成决定着化学物质的燃点、闪点的高低，燃烧范围、爆炸极限、燃速、发热量等。

一般来说，气体比液体、固体易燃易爆，燃速更快。这是因为气体间力小，化学键容易断裂，无需溶解、溶化和分解。

分子越小，分子量越低，其物质化学性质越活泼，越容易引起燃烧爆炸。由简单成分组成的气体比复杂成分组成的气体易燃易爆，含有不饱和键的化合物比含有饱和键的易燃易爆，如火灾爆炸危险性 $H_2 > CO > CH_4$。

可燃性气体燃烧前必须与助燃气体先混合，当可燃气体从内外逸时，与空气混合，就会形成爆炸性混合物，两者互为条件，缺一不可。而分解爆炸性气体，如乙烯、乙炔、环氧乙烷等，不需与助燃气体混合，其本身就会发生爆炸。

有些化学物质之间不能接触，否则将会发生爆炸。如硝酸与苯，高锰酸钾与甘油等。

任何物体的摩擦都会产生静电，当易燃易爆的化学危险物品从破损的容器或管道口高速喷出时也会产生静电，这些气体或液体中的杂质越多，流速越快，产生的静电荷也越多，是极危险的点火源。

燃点较低的危险品易燃性较强，如黄磷在常温下遇空气即发生燃烧，某些遇湿易燃的化学物质在受潮或遇水后会放出氧气引燃，如电石、五氧化二磷等。

二、扩散性

化学事故中化学物质溢出，向周围扩散，比空气轻的可燃气体会在空气中迅速扩散，与空气形成混合物，随风飘荡，致使燃烧、爆炸与毒害蔓延扩大。比空气重的物质多漂流于地表、沟、角落等处，若长时间积聚不散，会造成迟发性燃烧、爆炸和引起人员中毒。

这些气体的扩散性受气体本身密度影响，相对分子质量越小的物质扩散越快。如氢气，其扩散速度最快，在空气中达到爆炸极限的时间最短。气体扩散速度与其相对分子质量的平方根成正比。

三、突发性

化学物质引起的事故多是突然发生，在很短的时间内或瞬间即产生危害。一般的火灾要经过起火、蔓延扩大到猛烈燃烧几个阶段，需经历几分钟到几十分钟；而化学危险品一旦起火往往是轰然而起，迅速蔓延，燃烧、爆炸交替发生，加之有毒物质的弥散，迅速产生危害，短时间内喷出大量气体，使大片地区迅速变成污染区。

四、毒害性

有毒的化学物质，无论是脂溶性还是水溶性的，都有进入人的机体、损坏机体正常功能的能力。这些化学物质通过一种或多种途径进入机体达到一定量的时候，便会引起机体损伤，破坏正常的生理功能，引起中毒。

第二节　化工反应参数的安全控制

化工生产过程中的工艺参数主要包括温度、压力、流量及物料配比等。按工艺要求将工艺参数严格控制在安全限度以内，是实现化工安全生产的基本保证。实现这些参数的自动调节和控制是保证化工安全生产的重要措施。

一、温度控制

温度是化工生产的主要控制参数之一。不同的化学反应都有其最适宜的反应温度。化学反应的速率与温度有密切的关系。如果超温，反应物有可能加剧反应，造成压力升高导致爆炸，也可能因为温度过高产生副产物或其他危险物质。升温过快、过高或冷却降温设施发生故障，还可能引起剧烈反应发生冲料或爆炸。温度过低会造成反应速度过低或停滞不前，而一旦反应温度恢复正常时，则可能因为未反应的物料过多而发生剧烈反应引起爆炸。温度过低还会使某些物料冻结，造成管路堵塞或破损，致使易燃物料泄漏而发生火灾爆炸。液化气体或低沸点液体可能因为温度升高气化，发生超压爆炸。在反应过程中，必须防止工艺温度过高或过低，在操作中控制反应温度、防止搅拌中断、正确选择传热介质、防止传热面结疤等操作工艺技术。

二、投料控制

投料控制主要是指对投料速度、配比、顺序、原料纯度以及投料量的控制。

1. 投料速度

对于放热反应，加料速度不能超过设备的传热能力。加料速度过快会引起温度急剧升高，而造成事故。加料速度若突然减慢，会导致温度降低，使一部分反应物料因温度过低而不反应。因此，必须严格控制投料速度。

2. 投料配比

对于放热反应，投入物料的配比也十分重要。如在松香钙皂生产中，反应式为：

$$2C_{19}H_{29}COOH + Ca(OH)_2 \rightarrow Ca(C_{19}H_{29}COO)_2 + 2H_2O\uparrow$$

由此反应式可以看出，投入的氢氧化钙的量较大时，其蒸发量也较大，如果控制不当，会造成物料溢出，一旦接触火源会造成着火。

3. 投料顺序

化工生产中，必须按照一定的顺序投料。例如，氯化氢合成时，应先通氢气，然后再通氯气；三氯化磷的产生应先投磷然后通氯；磷酸酯与甲胺反应时，应先投磷酸酯再滴加甲胺。反之，则容易发生爆炸事故。

4. 原料纯度

许多化学反应，由于原料物中含有过量的杂质以至于引起燃烧爆炸。如用于生产乙炔的电石，其含磷量不得超过 0.08%，因为电石中的磷化钙遇水后会放出磷化氢与空气形成爆炸性混合物。因此，对生产原料、中间产物及成品应有严格的质量检验制度，以保证原料的纯度。

5. 投料量

化工反应设备都有一定的安全容积。若投料过多，超过这个安全系数，往往会引起溢料或超压，发生事故。若投料过少，也可能会使加热设备的加热面与物料的气相接触，使容易分解的物质分离，从而引起爆炸。

三、溢料和泄漏控制

造成溢料的原因很多，它与物料的构成、反应温度、投料速度以及消泡剂的使用量、质量有关。投料过快，产生的气泡大量溢出，同时夹带走大量的物料；加热速度过快，物料黏度大也易产生气泡。

化工生产中的大量物料的泄漏，通常是由于设备损坏、人为操作错误和失去控制造成的。一旦发生可能会造成严重的后果。因此，必须在工艺指标控制、设备结构形式等方面采取相应措施。化工生产中反应物料的跑、冒、滴、漏现象原因较多，加强维护管理是非常重要的。

四、自动控制与安全保护

1. 自动控制

化工自动化生产中，大多数已实现对连续变化的参数的自动调节。对于在生产控制中要求一组机构按照一定的时间间隔做周期性的动作的环节，可采用自动程序控制系统来实现。可大大降低人为风险因素。

2. 安全保护装置

信号报警装置：化工生产中，在出现危险状态时信号报警装置可以警告操作者，及时采取措施消除隐患。一般以声、光等形式发出信号，与测量仪表相互联系。

保险装置：在发生危险状况时，能自动消除不正常状况。如锅炉、压力容器上的安全阀和防爆片等装置。

安全连锁装置：连锁就是利用机械或电器控制依次接通各个仪器或设备，并使之发生联系，以达到安全的目的。

化工生产中，安全连锁装置在以下几种情况发生时能发挥其重要作用：

（1）同时或依次放两种液体或气体时；

（2）在反应终止需要惰性气体保护时；

（3）打开设备前要先解除压力或需要降温时；

（4）打开两个或多个部件、设备、机器由于操作错误容易引起事故时；

（5）当工艺控制参数达到某极限值，开启处理装置时；

（6）某危险区域或部位禁止人员入内时。

第三节　典型化学反应的安全技术

一、氧化反应

得到氧或失去氢的反应称为氧化反应。如氨氧化制硝酸、硫黄氧化制备硫酸、甲醇氧化制备甲醛、乙醇氧化的制备醋酸、甲苯氧化制苯甲酸、乙烯氧化制环氧乙烷等。

1. 氧化反应的危险性分析

（1）氧化反应需要加热，但反应过程又是放热反应，特别是催化气相反应，一般都是在 250～600℃的高温下进行的，这些反应热如不及时移去，将会使温度迅速升高甚至发生爆炸。

（2）有的氧化，如氨、乙烯和甲醇蒸汽在空中的氧化，其物料配比接近于爆炸下限，倘若配比失调，温度控制不当，极易爆炸起火。

（3）被氧化的物质大部分是易燃易爆物质。如乙烯氧化制取环氧乙烷中，乙烯是易燃气体，爆炸极限为 2.7%～34%，自燃点为 450℃。

（4）氧化剂具有很大的火灾危险性。如氯酸钾、高锰酸钾、铬酸酐等都属于氧化剂，如遇高温或受撞击、摩擦以及与有机物、酸类接触，皆能引起着火爆炸；有机过氧化物不仅具有很强的氧化性，而且大部分是易燃物质，有的对温度特别敏感，遇高温则爆炸。

（5）氧化产品有些也具有火灾危险性。如环氧乙烷是可燃气体，硝酸虽是腐蚀性物品，但也是强氧化剂；含 36.7%的甲醛水溶液是易燃液体，其蒸汽的爆炸极限为 7.7%～73%。另外，某些氧化过程中还可能生成危险性较大的过氧化物，如乙醛氧化生产醋酸的过程中有过醋酸生成，过醋酸是有机过氧化物，性质极度不稳定，受高温、摩擦或撞击便会分解或燃烧。

2. 氧化反应的安全技术

（1）氧化过程中如以空气或氧气作为氧化剂时，反应物料的配比（可燃气体和空气的混合比例）应严格控制在爆炸范围之外。空气进入反应器之前，应经过气体净化装置，消除空气中的灰尘、水汽、油污以及可使催化剂活性降低或中毒的杂质，以保持催化剂的活性，减少着火和爆炸的危险。

（2）氧化反应接触器有卧式和立式两种，内部填装有催化剂。一般多采用立式，因为这种形式催化剂装卸方便，而且安全。在催化氧化过程中，对于放热反应，应控制适宜的温度、流量等，防止超温、超压和混合气处于爆炸范围之内。

（3）为了防止接触器在发生爆炸或着火时危及人身和设备安全，在反应器前和管道上应安装阻火器，以阻止火焰蔓延，防止回火，使着火不致影响其他系统。为了防止接触器发生爆炸，接触器应有泄压装置，并尽可能采用自动控制或调节以及报警联锁装置。

（4）使用硝酸、高锰酸钾等氧化剂时，要严格控制加料速度，防止多加、错加，固体氧化剂应粉碎后使用，最好在溶液状态下使用；反应中要不间断搅拌，严格控制反应温度，绝不许超过被氧化物质的自燃点。

（5）使用氧化剂氧化无机物时，如使用氯酸钾氧化生成铁蓝颜料，应控制产品烘干温度不超过其着火点，在烘干之前应用清水洗涤产品，将氧化剂彻底除净，以防止未完全反应的氯酸钾引起已烘干的物料起火。有些有机化合物的氧化，特别是在高温下的氧化，在设备及管道内可能产生焦状物，应及时清除，以防止自燃。

（6）氧化反应使用的原料及产品，应按有关危险品的管理规定，采取相应的防火措施，如隔离存放、远离火源、避免高温和日晒、防止摩擦和撞击等。如果是电介质的易燃液体或气体，应安装导除静电的接地装置。

（7）在设备系统中宜设置氮气、水蒸气灭火装置，以便能及时扑灭火灾。

二、还原反应

含氧物质被夺去氧或得到氢的反应称为还原反应。如硝基苯在盐酸溶液中被铁粉还原成苯胺，邻硝基苯甲醚在碱性溶液中被锌粉还原成邻氨基苯甲醚，使用保险粉、硼氢化钾、氢化锂铝等还原剂进行还原等。有些还原反应会产生氢气或使用氢气，有些还原剂和催化剂有较大的燃烧、爆炸危险。工业中常见的还原反应有硝基苯还原制备苯胺、苯催化加氢制备环已烷、植物油催化加氢制备硬化油、硝基萘用保险粉还原制备萘胺等。

1. 还原反应主要危险性分析

(1) 无论是利用初生态还原，还是用催化剂把氢气活化后还原，都有氢气存在（氢气的爆炸极限为 4%～75%），大都在加热、加压条件下进行，如果操作失误或因设备缺陷有氢气泄漏，极易与空气形成爆炸性混合物，如遇着火源即会爆炸。在高温高压下，氢对金属有渗碳作用，易造成腐蚀。

(2) 还原反应中所使用的催化剂雷氏镍吸潮后在空气中有自燃危险，即使没有着火源存在，也能使氢气和空气的混合物引燃形成着火爆炸。

(3) 固体还原剂保险粉、硼氢化钾、氢化铝锂等都是遇湿易燃危险品，其中保险粉遇水发热，在潮湿空气中能分解析出硫，硫蒸气受热具有自燃的危险，且保险粉本身受热到 190℃也有分解爆炸的危险；硼氢化钾（钠）在潮湿空气中能自燃，遇水或酸即分解放出大量氢气，同时产生高热，可使氢气着火而引起爆炸事故。

(4) 还原反应的中间体，特别是硝基化合物还原反应的中间体，也有一定的火灾危险，例如，苯胺在生产中如果反应条件控制不好，可生成爆炸危险性很大的环已胺。

2. 还原反应的安全技术

(1) 由于有氢气等易燃易爆气体存在，在操作过程中要严格控制温度、压力和流量；车间内的电气设备必须符合防爆要求，电线及电线接线盒不宜在车间顶部敷设安装；厂房通风要好，应采用轻质屋顶，设置天窗或风帽，以使氢气及时逸出；反应中产生的氢气可用排气管导出车间屋顶，并高于屋脊 2 m 以上，经过阻火器向外排放；加压反应的设备应配备安全阀，反应中产生压力的设备要装设爆破片；安装氢气检测和报警装置。

(2) 当用雷氏镍来活化氢气进行还原反应时，必须先用氮气置换反应器内的全部空气，并经过测定证实含氧量降到标准后，才可通入氢气；反应结束后应先用氮气把反应器内的氢气置换干净，才可打开孔盖出料，以免外界空气与反应器内的氢气相遇，在雷氏镍自燃的情况下发生着火爆炸，雷氏镍应当储存于酒精中，钯碳回收时应用酒精及清水充分洗涤，过滤抽真空时不能抽得太干，以免氧化着火。

(3) 使用还原剂时，应注意相应的安全问题。氢化锂铝是遇湿危险的还原剂，务必妥善保管，防止受潮；保险粉用于溶解使用时，严格控制温度，可以在开动搅拌的情况下，将保险粉分批加入水中，待溶解后再与有机物接触反应；当使用硼氢化钠（钾）作还原剂时，在工艺过程中，调解酸、碱度时要特别注意，防止加酸过快、过多；当使用氢化铝锂作还原剂时，要特别注意，必须在氮气保护下使用，平时浸没于煤油中储存。还原剂遇氧化剂会猛烈发生反应，产生大量热量，具有着火爆炸的危险，不得与氧化剂混存。

(4) 在还原反应中，操作时必须严格控制温度、压力、流量等反应条件及反应参数，避免生产爆炸危险性很大的中间体。

(5) 开展技术革新，研究采用危险性小、还原效率高的新型还原剂代替火灾危险性大的还原剂。例如，采用硫化钠代替铁粉还原，可以避免产生氢气，同时还可消除铁泥堆积的问题。

(6) 对可能造成氢腐蚀的场合，设备、管道的选材要符合要求，并应定期检测。

三、氯化反应

氯化是指以氯原子取代有机化合物中氢原子的反应，如由甲烷制甲烷氯化物、苯氯化制氯苯、乙烷氯化生产氯乙烷、萘氯化生产 1-氯萘等。

常用的氯化剂有液态或气态氯、气态氯化氢和各种浓度的盐酸、磷酸氯（三氯氧化磷）、三氯化磷（用来制造有机酸的酰氯）、硫酰氯（二氯硫酰）、次氯酸酯等。

1. 氯化反应的危险性分析

(1) 氯化反应所用的原料大多是有机物，它们易燃易爆，生产过程有燃烧爆炸危险。

(2) 氯化剂具有极大的危险性。氯气为强氧化剂，能与可燃气体形成爆炸性气体混合物，能与可燃烃类、醇类、羧酸和氯代烃等形成二元混合物，极易发生爆炸。氯气与烯烃形成的混合物，在受热时可自燃；与二硫化碳混合，会出现自行突然加速过程而增加爆炸危险；与乙炔的反应极为剧烈，在氧气存在时，甚至在−78℃的低温也可发生爆炸。三氯化磷、三氯氧磷等遇水会快速分解，导致冲料或爆炸。漂白粉、光气等均具有较大的火灾危险性。有些氯化剂还具有较强的腐蚀性，损坏设备。

(3) 氯化反应是放热反应，有些反应温度高达 500℃，如温度失控，可造成超压爆炸。有些氯化反应会发生自行加速过程，导致爆炸危险。在生产中如果出现投料配比差错，投料速度过快，极易导致火灾或爆炸性事故。

(4) 液氯汽化时，高热使液氯剧烈汽化，可造成内压过高而爆炸。工艺、操作不当使反应物倒灌至液氯钢瓶，则可能与氯发生剧烈反应引起爆炸。

2. 氯化的安全技术

(1) 车间厂房设计应符合国家爆炸危险场所安全规定，应严格控制各种点火源，电气设备应符合防火防爆的要求。易燃易爆设备和部位应安装可燃气体监测报警仪，设置完善的消防设施。

(2) 最常用的氯化剂是氯气。在化工生产中，氯气通常液化储存和运输。常用的容器有储罐、气瓶和槽车等。储罐中的液氯进入氯化器使用之前必须先进入蒸发器使其气化。在一般情况下，不能把储存氯气的气瓶或槽车当储罐使用，否则有可能使被氯化的有机物质倒流进气瓶或槽车，引起爆炸。在一般情况下，氯化器应装设氯气缓冲罐，来防止氯气断流或压力减小时形成倒流。氯气本身的毒性较大，必须避免其泄漏。

(3) 液氯的蒸发气化装置，一般采用汽水混合进行升温，加热温度一般不超过 50℃。

(4) 氯化反应是一个放热过程，尤其在较高温度下进行氯化，反应更剧烈。例如在环氧氯丙烷生产中，丙烯预热至 300℃左右进行氯化，反应温度可升至 500℃，在这样的高温下，如果物料泄漏就会造成燃烧或引起爆炸。因此，氯化反应设备必须具有良好的冷却系统，并严格控制氯气的流量，以避免因流量过快，温度剧升而引起事故。

(5) 由于氯化反应几乎都有氯化氢气体生成，因此所用设备必须防腐蚀，设备应保证严密不漏。因为氯化氢气体易溶于水，所以，通过增设吸收和冷却装置可以除去尾气中绝大部分氯化氢。

(6) 反应过程中存在遇水猛烈分解的物料（如三氯化磷、三氯氧磷等），不宜用水作为冷却介质。

四、硝化反应

硝化通常是指在有机化合物分子中引入硝基$-NO_2$取代氢原子而生成硝基化合物的反应。硝化是染料、炸药及某些药物生产中的重要反应过程。通过硝化反应可生产硝基苯、梯恩梯（TNT)、硝化甘油、对硝基氯苯、苦味酸、1-氨基蒽醌等重要化工原料，常见的硝化有甲苯硝化生产 TNT、苯硝化制取硝基苯、甘油硝化制取硝化甘油等。

1. 硝化反应的危险性分析

(1) 硝化是一个放热反应，引入一个硝基要放热 152.2～153 kJ/mol，所以，硝化需要降温条件下进行。在硝化反应中，倘若稍有疏忽，如中途搅拌停止、冷却水供应不良、加料速度过快等，都会使温度猛增、混酸的氧化能力加强，并有多硝基物生成，容易引起着火和爆炸事故。

（2）硝化剂具有氧化性，常用硝化剂有浓硝酸、硝酸、浓硫酸、发烟硫酸、混合酸等都具有较强的氧化性、吸水性和腐蚀性。它们与油脂、有机物，特别是不饱和的有机化合物接触即能引起燃烧；在制备硝化剂时，若温度过高或落入少量水，会促使硝酸的大量分解和蒸发，不仅会导致设备的强烈腐蚀，还可造成爆炸事故。

（3）被硝化的物质大多易燃，如苯、甲苯、甘油（丙三醇）、脱脂棉等，不仅易燃，有的还兼有毒性，如使用或储存管理不当，易造成火灾。

（4）硝化产品大都有着火爆炸的危险性，特别是多硝基化合物和硝酸酯，受热、摩擦、撞击或接触着火源，极易发生爆炸或着火。

2. 硝化反应的安全技术

（1）制备混酸时，采用机械搅拌和循环搅拌较好，可以起到一定程度的冷却作用。

（2）采用多段式硝化器可使硝化过程达到连续化，使每次投料少，减少爆炸中毒的危险。

（3）硝化过程中一定避免有机物质的氧化。仔细配制反应混合物并除去其中易氧化的组分。硝化剂加料应采用双重阀门控制好加料速度，反应中应连续搅拌，搅拌机应有自动启动的备用电源，并备有保护性气体搅拌和人工搅拌的辅助设施，随时保持物料混合良好。

（4）万一发生事故时，将物料放入硝化器附设的相当容积的紧急放料槽。

（5）取样时应当防止未完全硝化的产物突然着火，防止烧伤事故。

（6）往硝化器中加入固体物质，必须采用漏斗等设备使加料工作机械化，从加料器上部的平台上将物料沿专用的管子加入硝化器中。

（7）对于特别危险的硝化产物（如硝化甘油等），则需将其放入装有大量水的事故处理槽中。

（8）硝基化合物具有爆炸性，形成的中间产物（如二硝基苯酚盐，特别是铅盐）有巨大的爆炸威力。在蒸馏硝基化合物（如硝基甲苯等）时，防止热残渣与空气混合发生爆炸。

（9）避免油从填料函落入硝化器中引起爆炸，硝化器搅拌轴不可使用普通机械油或甘油作润滑剂，以免被硝化、形成爆炸性物质。

（10）硝化设备应确保严密不漏，防止硝化物料溅到蒸汽管道等高温表面上而引起爆炸或燃烧。同时严防硝化器夹套焊缝因腐蚀使冷却水漏入硝化物中。如果管道堵塞时，可用蒸汽加温疏通，千万不能用金属棒敲打或明火加热。

（11）车间内禁止带入火种，电气设备要防爆。检修时尤其注意防火安全。报废的管道不可随便拿用，避免意外事故发生。

五、磺化反应

磺化是在有机化合物分子中引入磺（酸）基$-SO_3H$的反应。磺化是有机合成中的一个重要过程，在化工生产中的应用较为普遍。如苯磺酸、磺胺、快速渗透剂T、太古油等都是重要的化工原料，常见的磺化应用有用硝基苯与发烟硫酸生产间氨基苯磺酸钠，卤代烷与亚硫酸钠在高温加压条件下生成磺酸盐、苯与硫酸直接磺化制备苯磺酸、乙酰苯胺（退热水）经磺化制取磺胺、顺丁烯二酸酐经磺化制取快速渗透剂等均属磺化反应。

1. 磺化反应的危险性分析

（1）常用的磺化剂浓硫酸、三氧化硫、氯磺酸等都是氧化剂。磺化剂三氧化硫一旦遇水则生成硫酸，同时会放出大量的热量，使反应温度升高，会造成沸溢，使磺化反应导致燃烧反应而起火或爆炸。同时硫酸对设备有极大的腐蚀破坏作用。

（2）磺化反应是放热反应，若在反应过程中得不到有效地冷却和良好的搅拌都有可能引起反应温度超高，导致燃烧反应，造成爆炸或起火事故。

（3）苯、硝基苯、氯苯等可燃物原料与磺化剂为浓硫酸、三氧化硫、氯磺酸等强氧化剂进行的磺化反应非常危险。因其已经具备了可燃物与氧化剂作用发生放热反应的燃烧条件。对于这类磺化反应，操作时必须注意：投料顺序不能颠倒，投料速度不能过快，保证正常搅拌及冷却效果良好。否则，任一环节的疏忽都可能造成反应温度升高，使磺化反应变为燃烧反应，引起着火或爆炸事故。

2. 磺化反应的安全技术

（1）使用磺化剂必须严格防水防潮，严格防止接触各种易燃物，以免发生火灾爆炸，经常检查设备管道，防止因腐蚀造成穿孔泄漏，引起火灾和腐蚀伤害事故。

（2）保证磺化反应系统有良好搅拌和有效的冷却装置，以及时移走反应热，避免温度失控。

（3）严格控制原料纯度（主要是含水量），投料操作时顺序不能颠倒，速度不能过快，以控制正常的反应速度和反应热，以免正常冷却失效。

（4）反应结束后，注意放料安全，避免烫伤及腐蚀伤害。

（5）磺化反应系统应设置安全防爆装置和紧急放料装置，一旦温度失控，立即紧急放料，并进行紧急冷处理。

六、催化反应

催化反应是在催化剂的作用下所进行的化学反应。催化剂是指化学反应中能改变反应速度而本身的组成和质量在反应前后保持不变的物质。常用的催化剂主要有金属、金属氧化物和无机酸等。例如，氮和氢合成氨，由二氧化硫和氧合成三氧化硫，由乙烷和氧合成环氧乙烷等都是属于催化反应。

1. 催化反应的危险性分析

（1）在反应操作中，若催化剂选择的不正确或加入不适量，易形成局部反应激烈；另外，由于催化大多需要在一定温度下进行，若散热不良、控制不好温度等，很容易发生超温爆炸或着火事故。

（2）催化产物。在催化过程中有的产生氯化氢，氯化氢有腐蚀和中毒危险；有的产生硫化氢，则中毒危险更大，且硫化氢在空气中的爆炸极限较宽（4.3%～45.5%），生产过程中还有爆炸危险；有的催化过程产生氢气，着火爆炸的危险更大，尤其在高压下，氢的腐蚀作用可使金属高压容器脆化，从而造成破坏性事故。

（3）原料气。原料气中某种能与催化剂发生反应的杂质含量增加，可能成为爆炸危险物，这是非常危险的。例如，在乙烯催化氧化合成乙醛的反应中，由于催化剂体系中常含有大量的亚铜盐，若原料气中含乙炔过高，则乙炔就会与亚铜盐反应生成乙炔铜。乙炔铜为红色沉淀，自燃点在 260～270℃，是一种极敏感的爆炸物，干燥状态下极易爆炸，在空气作用下易氧化成暗黑色，并易于起火。

2. 催化反应的安全技术

（1）催化加氢反应一般而论是在高压下有固相催化剂存在下进行的，这类过程的主要危险性有：由于原料及成品（如氢气、氨、一氧化碳等）大都易燃、易爆、有毒，高压反应设备及管道易受到腐蚀，处理不当亦会导致事故。因此，需特别注意防止压缩工段的氢气在高压下泄漏，产生爆炸。为了防止因高压致使设备损坏，造成氢气泄漏达到爆炸浓度，应有充足的备用蒸汽或惰性气体，以便应急；室内通风应当良好，宜采用天窗排气；冷却机器和设备用水不得含有腐蚀性物质；在开车或检修设备、管线之前，必须用氮气进行吹扫，吹扫气体应当排至室外，以防止窒息或中毒；由于停电或无水而停车的系统，应保持余压，以免空气进入系统。在任何情况下，不得对处于压力下的设备进行拆卸和检修。

（2）催化裂化在生产过程中主要由反应再生系统、分馏系统以及吸收稳定系统三个系统组成，这三个系统是紧密相连、相互影响的整体。在反应器和再生器间，催化剂悬浮在气流中，整个床层温度应保持均匀，避免局部过热造成事故。两器压差保持稳定，是催化裂化反应中最主要的安全问题。两器压差一定不能超过规定的范围，目的就是要使两器之间的催化剂沿一定方向流动，避免倒流，造成油气与空气混合发生爆炸。循环冷却水应充足，应备有单独的供水系统。若压力上升较高时，必要时可启动气压放空火炬，维持系统压力平衡。催化裂化装置关键设备应当备有两路以上的供电，并且能自动转换，必要时保证装置的正常运行。

（3）催化重整所用的催化剂有钼铬铝催化剂、铂催化剂、镍催化剂等。在装卸催化剂时，要防破碎和污染，未再生的含碳催化剂卸出时，要预防自然超温烧坏；加热炉是热的来源，在催化剂重整过程中，加热炉的安全和稳定非常重要，应采用温度自动调节系统；催化重整装置中，对于重要工艺参数，如温度压力、流量、液位等均应采用安全报警，必要时采用联锁保护装置。

七、聚合反应

聚合反应又称为加聚反应，是将若干个分子结合为一个较大的组成相同而分子量较高的化合物的反应，如氯乙烯聚合生产聚氯乙烯塑料、丁二烯聚合生产顺丁橡胶和丁苯橡胶等。

聚合按照反应类型可分为加成聚合和缩合聚合两大类，按照聚合方式又可分为本体聚合、悬浮聚合、溶液聚合、乳液聚合、缩合聚合五种。

1. 聚合反应的危险性分析

（1）本体聚合。本体聚合是在没有其他介质的情况下（如乙烯的高压聚合、甲醛的聚合等），用浸在冷却剂中的管式聚合釜（或在聚合釜中设盘管、列管冷却）进行的一种聚合方法。这种聚合方法往往由于聚合热不易传导散出而导致危险。例如，在高压聚乙烯生产中，每聚合 1 kg 乙烯会放出 3.8 MJ 的热量，倘若这些热量未能及时移去，则每聚合 1%的乙烯，即可使釜内温度升高 12～13℃，待升高到一定温度时，就会使乙烯分解，强烈放热，有发生暴聚的危险。一旦发生暴聚，则设备堵塞，压力骤增，极易发生爆炸。

（2）溶液聚合。溶液聚合是选择一种溶剂，使单体溶成均相体系，加入催化剂或引发剂后，生成聚合物的一种聚合方法。这种聚合方法在聚合和分离过程中，易燃溶剂容易挥发和产生静电火花。

（3）悬浮聚合。悬浮聚合是用水作分散介质的聚合方法。它是利用有机分散剂或无机分散剂，把不溶于水的液态单体，连同溶在单体中的引发剂经过强烈搅拌，打碎成小珠状，分散在水中成为悬浮液，在极细的单位小珠液滴（直径为 0.1 μm）中聚合，因此又叫珠状聚合。这种聚合方法在整个聚合过程中，如果没有严格控制工艺条件，致使设备运转不正常，则易出现溢料，如若溢料，则水分蒸发后未聚合的单体和引发剂遇火源极易引发着火或爆炸事故。

(4) 乳液聚合。乳液聚合是在机械强烈搅拌或超声波振动下，利用乳化剂使液态单体分散在水中（珠滴直径 0.001～0.01 μm），引发剂则溶在水里而进行聚合的一种方法。这种聚合方法常用无机过氧化物（如过氧化氢等）作引发剂，如若过氧化物在介质（水）中配比不当，温度太高，反应速度过快，会发生冲料，同时在聚合过程中还会产生可燃气体。

(5) 缩合聚合。缩合聚合也称为缩聚反应，是具有两个或两个以上功能团的单体相互缩合，并析出小分子副产物而形成聚合物的聚合反应。缩合聚合是吸热反应，但由于温度过高，也会导致系统的压力增加，甚至引起爆裂，泄漏出易燃易爆的单体。

(6) 聚合的单位大多是易燃易爆物质，单体在压缩过程中或在高压系统中泄漏，发生火灾爆炸。

(7) 聚合反应中加入的引发剂都是化学活泼性很强的过氧化物，一旦配料比控制不当，易引起暴聚，反应器压力骤增易引起爆炸。

(8) 聚合反应多在高压下进行，多为放热反应，反应条件控制不当会发生暴聚，使反应器压力骤增而发生爆炸。以过氧化物作为引发剂时，如配料比控制不当就会产生暴聚。高压下乙烯聚合、丁二烯聚合、氯乙烯聚合等具有极大的危险性。

(9) 聚合反应热未能及时导出，如搅拌发生故障、停电、停水，由于反应釜内聚合物黏壁作用，使反应热不能导出，造成局部过热或反应釜飞温，发生爆炸。

2. 聚合反应的安全技术

(1) 反应釜的搅拌和温度应有检测和联锁控制，发现异常能自动停止进料，并设置反应抑制剂添加系统，出现异常情况时，能自动添加抑制剂，自动停车。高压分离系统应设置爆破片、导爆管等，并有良好的静电接地系统，一旦出现异常，及时泄压。

(2) 严格控制工艺条件，保证设备正常运转，确保冷却效果，防止暴聚。冷却介质应充足，搅拌装置应可靠，并采取避免黏壁的措施。

(3) 控制好过氧化物引发剂在水中的配比，避免冲料。

(4) 设置可燃气体检测报警仪，以便及时发现单体泄漏，采取对策。

(5) 加强对溶剂、引发剂的管理，对电气设备采取防爆措施，消除各种火源。必要时，对聚合装置采取隔离措施。

(6) 乙烯高压聚合反应，压力为 100～300 MPa，温度为 150～300℃，停留时间为 10s 至数分钟。操作条件下乙烯极不稳定，能分解成碳、甲烷、氢气等。

乙烯高压聚合的防火安全措施有：添加反应抑制剂或加装安全阀来防止暴聚反应；采用防黏剂或设计聚合管时高潮在管内周期性地赋予液体以脉冲，防止管路堵塞；设计严密的压力、温度自动控制连锁系统；利用单体或溶剂汽化回流及时清除反应热。

(7) 氯乙烯聚合反应所用的原料除氯乙烯单体外，还有分散剂（如明胶、聚乙烯醇等）和引发剂（如过氧化二苯甲酰、偶氮二异庚腈、过氧化二碳酸等）。主要的安全措施有：采取有效措施及时除去反应热，必须有可靠的搅拌装置；采用加水相阻聚剂或单体水相溶解抑制剂来减少聚合物的黏壁作用，减少人工清釜的次数，降低聚合岗位的毒物危害；聚合釜的温度采用自动控制。

(8) 丁二烯聚合反应，聚合过程中接触和使用的酒精、丁二烯、金属钠等危险物质，不能暴露于空气中；在蒸发器上应备有联锁开关，当输送物料的阀门关闭时，该联锁装置可将蒸气输入切断，为了控制猛烈反应，应有适当的冷却系统，冷却系统应保持密闭良好，并严格控制反应温度；丁二烯聚合釜上应装安全阀，同时连接管安装爆破片，爆破片后再连接一个安全阀；聚合生产系统应配有纯度保持在99.5%以上氮气保护系统，在危险可能发生时能立即向设备充入氮气加以保护。

针对上述不安全因素，应设置可燃气体检测报警器，一旦发现设备、管道有可燃气体泄漏，将自动停车。对催化剂、引发剂等要加强储存、运输、调配、注入等工序的严格管理。

八、裂解反应

裂化又称为裂解，是指有机化合物在高温下分子发生分解的反应过程。在600℃以上所进行的过程为裂解，在600℃以下的过程为裂化；二者生产的目的不同，前者的目的产物为乙烯、丙烯、乙炔、联产丁二烯、苯、甲苯、二甲苯等化工产品，后者的目的产物是汽油、煤油等燃料油。

裂化可分为热裂化、催化裂化和加氢裂化三种类型。

1. 裂解反应的危险性分析

(1) 热裂化。热裂化在高温高压下进行，装置内的油品温度一般都超过其自燃点，若漏出油品会立即起火；热裂化过程中产生大量的裂化气，且有大量气体分馏设备，若漏出气体，会形成爆炸性气体混合物，遇加热炉等明火，有发生爆炸的危险。在炼油厂各装置中，热裂化装置发生的火灾次数是较多的。

(2) 催化裂化。催化裂化一般在较高的温度（460～520℃）和0.1～0.2 MPa压力下进行，火灾危险性较大。若操作不当，再生器内的空气和火焰进入反应器中会引起恶性爆炸。U形管上的小设备和小阀门较多，易漏油着火。在催化裂化过程中还会产生易燃的裂化气，以及在烧焦活化催化剂不正常时，还可能出现可燃的一氧化碳气体。

（3）加氢裂化。由于加氢裂化使用大量氢气，而且反应温度和压力都较高，在高压下钢与氢气接触，钢材内的碳分子易被氢气所夺取，使碳钢硬度增大而降低强度，产生氢脆，如设备或管道检查或更换不及时，就会在高压（10～15 MPa）下发生设备爆炸。另外，加氢是强烈的放热反应，反应器必须通冷氢以控制温度。因此，要加强对设备的检查，定期更换管道、设备，防止氢脆造成事故；加热炉要平稳操作，防止设备局部过热，防止加热炉的炉管烧穿或者高温管线、反应器漏气而引起着火。

2. 裂解反应的安全技术

裂解炉运转过程中，一些外界因素可能危及裂解炉的安全。其安全技术要点如下：

（1）引风机故障的预防。引风机是用于排除炉内烟气的装置。在裂解炉正常运行中，如果由于断电或引风机机械故障而使引风机突然停转，则炉膛内很快变成正压，从窥视孔或烧嘴等向外喷火，严重时会引起炉膛爆炸。为此，必须设置装置，一旦引风机故障停车，则裂解炉自动停止进料并切断燃料供应，但应继续供应稀释蒸汽，以带走炉膛内的余热。

（2）燃料气压力降低的控制。裂解炉正常运行中，如燃料系统大幅度波动，燃料气压力过低，则可能造成裂解炉烧嘴回火，使烧嘴烧坏，甚至引起爆炸。

裂解炉采用燃料油作燃料时，如燃料油压力降低，也会使油嘴回火，因此，当燃料油压降低时，应自动切断燃料油的供应，同时停止进料。

当裂解炉用油和气为燃料时，如果油压降低，则在切断燃料油的同时，将燃料气切入烧嘴，裂解炉可继续维持运转。

（3）其他公用工程故障的防范。其他公用工程（如锅炉给水等）中断，则废热锅炉包液面迅速下降，如不及时停炉，必然会对废热锅炉炉管等造成损坏。此外，水、电、蒸汽等出现故障，均能致裂解炉发生事故。在此情况下，裂解炉应能自动停车。

九、电解反应

电解是电流通过电解质溶液或熔融电解质时，在两个电极上所引起的化学变化过程。许多有色金属（如钠、钾、镁、铝等）和稀有金属（如锆、铪等）冶炼，金属铜、锌、铝等的精炼，许多基本化学工业产品（如氢、氧、氯、烧碱、氯酸钾、过氧化氢等）的制备，以及电镀、电抛光、阳极氧化等，都是通过电解来实现的。如食盐水电解生产氢氧化钠、氢气、氯气、电解水制氢等。电解反应的危险性分析及主要安全生产技术如下：

1. 盐水应保证质量

盐水中如含有铁杂质，能够产生第二阴极而放出氢气；盐水中带入铵盐，在适宜的条件下（pH＜4.5 时），铵盐和氯作用可生成氯化铵，氯作用于浓氯化铵溶液还可生成黄色油状的三氯化氮。分解式如下：

$$3Cl_2 + NH_4Cl \longrightarrow 4HCl + NCl_3$$

三氯化氮是一种爆炸性物质，与许多有机物接触或加热至 90℃以上以及被撞击，即剧烈地分解爆炸。爆炸分解式如下：

$$2NCl_3 \longrightarrow N_2 + 3Cl_2$$

盐水配制必须严格控制质量，尤其是铁、钙、镁和无机铵盐的含量。一般要求 $Mg^{2+} < 2$ mg/L，$Ca^{2+} < 6$ mg/L，$SO_4^{2-} < 5$ mg/L。应尽可能采取盐水纯度自动分析装置，这样可以观察盐水成分的变化，随时调节碳酸钠、苛性钠、氯化钡或丙烯酸胺的用量。

2. 盐水添加高度应适当

在操作中向电解槽的阳极室内添加盐水时，如盐水液面过低，氢气有可能通过阴极网渗入到阳极室内与氯气混合；若电解槽盐水装得过满，在压力下盐水会上涨。因此，盐水添加不可过少或过多，应保持一定的安全高度。采用盐水供料器应间断供给盐水，以避免电流损失，防止盐水导管被电流腐蚀（目前多采用胶管）。

3. 防止氢气与氯气混合

氢气是极易燃烧的气体，氯气是氧化性很强的有毒气体，一旦两种气体混合极易发生爆炸，当氯气中含氢量达到 5％以上，则随时可能在光照或受热情况下发生爆炸。造成氢气和氯气混合的原因主要是：阳极室内盐水液面过低；电解槽氢气出口堵塞，引起阴极室压力升高；电解槽的隔膜吸附质量差；石棉绒质量不好，在安装电解槽时碰坏隔膜，造成隔膜局部脱落或者送电前注入的盐水量过大，将隔膜冲坏，以及阴极室中的压力等于或超过阳极室的压力时，就可能使氢气进入阳极室等，这些都可能引起氯气中含氢量增高。此时应对电解槽进行全面检查，将单槽氯含氢浓度控制在 2％以下，总管氯含氢浓度控制在 0.4％以下。

4. 严格电解设备的安装要求

由于在电解过程中氢气存在，故有着火爆炸的危险，所以，电解槽应安装在自然通风良好的单层建筑物内，厂房应有足够的防爆泄压面积。

5. 掌握正确的应急处理方法

在生产中当遇突然停电或其他原因突然停车时，高压阀不能立即关闭，以免电解槽中氯气倒流而发生爆炸。应在电解槽后安装放空管，以及时减压，并在高压阀门上安装单向阀，以有效防止跑氯，避免污染环境和带来火灾危险。

十、烷基化反应

烷基化也称为烃化，是在有机化合物分子的氮、氧、碳等原子上引入烷基R-的反应。引入的烷基有甲基（$-CH_3$）、乙基（$-C_2H_5$）、丙基（$-C_3H_7$）、丁基（$-C_4H_9$）等。

烷基化常用烯烃、卤化烃、醇等能在有机化合物分子中的碳、氧、氮等原子上引入烷基的物质作烷基化剂。如苯胺和甲醇作用制取二甲基苯胺等。

1. 烷基化的危险性分析

（1）被烷基化的物质以及烷基剂大都具有着火爆炸危险。如苯是中闪点易燃液体，闪点－11℃，爆炸极限1.2%～8%；苯胺是有毒品，闪点70℃，爆炸极限1.3%～11.0%；丙烯是易燃气体，爆炸极限1%～15%；甲醇是中闪点易燃液体，闪点11℃，爆炸极限5.5%～44%。

（2）烷基化过程所用的催化剂易燃。例如，三氧化铝是遇湿易燃物品，有强烈的腐蚀性，遇水（或水蒸气）会发热分解，有时能引起爆炸，若接触可燃物则易着火。三氧化磷是腐蚀性忌湿易燃液体，遇水（或乙醇）会剧烈分解。氯化氢有极强的腐蚀性和刺激性，有毒，遇水及酸（硝酸、醋酸）发热、冒烟，有发生起火爆炸的危险。

（3）烷基化的产品也有一定的火灾危险，在操作存放时需注意防火安全，如异丙苯是乙类液体，闪点35.5℃，自燃点434℃，爆炸极限0.68%～4.2%；二甲基苯胺是丙类液体，闪点61℃，自燃点371℃；烷基苯是丙类液体，闪点127℃。

（4）烷基化反应都是在加热条件下进行，操作时应控制反应速度。例如，保证原料、催化剂烷基化剂等的正常加料顺序、加料速度，保证连续搅拌等，避免发生剧烈反应，引起跑料，造成着火或爆炸事故。

2. 烷基化的安全技术

（1）车间厂房设计应符合国家爆炸危险场所的安全规定。应严格控制各种点火源，车间内电气设备要通风良好。易燃易爆设备和部分应安装可燃气体监测报警仪，设置完善的消防设施。

（2）妥善保存烷基化催化剂，避免与水、水蒸气以及乙醇等物质接触。

（3）烷基化的产品存放时需注意防火安全。

（4）烷基化反应操作时应注意控制反应速度。例如，保证原料、催化剂、烷基化剂等的正常加料顺序与速度，保证连续搅拌等，避免发生剧烈反应，引起跑料，造成着火或爆炸事故。

十一、重氮化反应

重氮化是使芳伯胺变为重氮盐的反应。通常是把含芳胺的有机化合物在酸性介质中与亚硝酸钠作用，使其中的胺基（$-NH_2$）转变为重氮基（$-N=N-$）的化学反应。如二硝基重氮酚的制取等。重氮化反应的危险性分析及安全技术如下：

1. 重氮化反应的主要火灾危险性在于所产生的重氮盐，如重氮盐酸盐（$C_6H_5N_2Cl$）、重氮硫酸盐（$C_6H_5N_2H_5O_4$），特别是含有硝基的重氮盐，如重氮二硝基苯酚［$(NO_2)_2N_2C_6H_2OH$］等，它们在温度稍高或光的作用下，易分解，有的甚至在室温时亦能分解。一般每升高 10℃，分解速度加快两倍。在干燥状态下，有些重氮盐不稳定，活力大，受热或摩擦、撞击能分解爆炸。含重氮盐的溶液若洒落在地上、蒸汽管道上，干燥后也能引起着火或爆炸。在酸性介质中，有些金属（如铁、铜、锌等）能促使重氮化合物剧烈分解，甚至引起爆炸。

2. 作为重氮剂的芳胺化合物都是可燃有机物质，在一定条件下也有着火和爆炸的危险。

3. 重氮化生产过程所使用的亚硝酸钠是无机氧化剂，于 175℃时分解能与有机物反应发生着火或爆炸。亚硝酸钠并非氧化剂，所以，当遇到比其氧化性强的氧化剂时，又具有还原性，故遇到氯酸钾、高锰酸钾、硝酸铵等强氧化剂时，有发生着火或爆炸的可能。

4. 在重氮化的生产过程中，若反应温度过高，亚硝酸钠的投料过快或过量，均会增加亚硝酸的浓度，加速物料的分解，产生大量的氧化氮气体，有引起着火爆炸的危险。

第三章 化工单元操作安全技术

化工单元操作是在化工生产中具有共同的物理变化特点的基本操作，是由各种化工生产操作概括得来的。化工单元操作有：流体流动过程，包括流体输送、过滤、固体流态化等；传热过程，包括热传导、蒸发、冷凝等；传质过程，即物质的传递，包括气体吸收、蒸馏、萃取、吸附、干燥等；热力过程，即温度和压力变化的过程，包括液化、冷冻等；机械过程，包括固体输送、粉碎、筛分等。任何化学产品的生产都离不开化工单元操作。本章重点讨论常见化工单元操作的基本安全技术。

第一节 化工单元操作的危险性

化工单元操作的危险性主要是由所处理物料的危险性所决定的。其中，处理易燃物料或含有不稳定物质物料的单元操作的危险性最大。在进行危险单元操作过程中，除了要根据物料理化性质，采取必要的安全对策外，还要特别注意以下情况：

一、防止易燃气体物料形成爆炸性混合体系

处理易燃气体物料时，要防止与空气或其他氧化剂形成爆炸性混合体系。特别是负压状态下的操作，要防止空气进入系统而形成系统内爆炸性混合体系。同时要注意在正压状态下操作易燃气体物料的泄漏，与环境空气混合，形成系统外爆炸性混合体系。

二、防止易燃固体或可燃固体物料形成爆炸性粉尘混合体系

处理易燃固体或可燃固体物料时，要防止形成爆炸性粉尘混合体系。

三、防止不稳定物质的积聚或浓缩

处理含有不稳定物质的物料时，要防止不稳定物质的积聚或浓缩。在蒸馏、过滤、蒸发、过筛、萃取、结晶、再循环、旋转、回流、凝结、搅拌、升温等单元操作过程中，有可能使不稳定物质发生积聚或浓缩的，进而产生危险。

1. 不稳定物质减压蒸馏时，若温度超过某一极限值，有可能发生分解爆炸。

2. 粉末过筛时容易产生静电，而干燥的不稳定物质过筛时，微细粉末飞扬，

可能在某些地区积聚而发生危险。

3. 反应物料循环使用时，可能造成不稳定物质的积聚而使危险性增大。

4. 反应液静置中，以不稳定物质为主的相，可能分离而形成分层积聚。不分层时，所含不稳定的物质也有可能在局部地点相对集中。在搅拌含有有机过氧化物等不稳定物质的反应混合物时，如果搅拌停止而处于静置状态，所含不稳定物质的溶液就会附在壁上；若溶剂蒸发了，不稳定物质被浓缩，往往成为自燃的火源。

5. 在大型设备里进行反应，如果含有回流操作时，危险物在回流操作中有可能被浓缩。

6. 在不稳定物质的合成反应中，搅拌是个重要因素。在采用间歇式的反应操作过程中，化学反应速度很快。在大多数情况下，加料速度与设备的冷却能力是相适应的，这时反应是扩散控制，应使加入的物料马上反应掉，如果搅拌能力差，反应速度慢，加进的原料过剩，未反应的部分积蓄在反应系统中，若再强力搅拌，所积存的物料一起反应，使体系的温度上升，往往造成反应无法控制。一般原则是搅拌停止的时候应停止加料。

7. 在对含不稳定物质的物料升温时，控制不当有可能引起突发性反应或热爆炸。如果在低温下将两种能发生放热反应的液体混合，然后再升温引起反应将是特别危险的。在生产过程中，一般将一种液体保持在能起反应的温度下，边搅拌边加入另一种物料反应。

第二节　化工单元操作的安全技术

一、化工物料的安全控制

1. 常见流体输送方式及危险性分析

（1）高位槽送料。高位槽的液体需通过泵压送或负压输送提升到高位槽，在提升过程中由于流体的摩擦，很容易在高位槽或计量槽产生静电火花而引燃物系，因此，在往高位槽或计量槽输送物料流体时，除控制流速之外，还应将流体入口管插入液下。凡是与物料相关的设备、管线、阀门等都应形成一体并可靠接地。

（2）真空抽料。有机溶剂采用桶装真空抽料时，由于输送过程有可能产生静电积累，因此输送系统必须有良好的接地系统，输送系统的管线应当采用金属，不应采用非金属管线。桶装真空抽料快结束时，液位已降至吸口以下，很可能产生静电放电，由于采用非导体吸管，吸管会带上很高的电荷，在移至罐口时会出现放电火花而引燃或引爆料桶内液体蒸气。

如果真空输送的是易燃液体，需注意输送过程的密闭性，系统和易燃蒸气形成爆炸性混合系，在点火源的作用下就会引起爆炸。空气和蒸气的混合物在流动过程中增大了产生静电放电的可能性，这是十分危险的。真空输送物料其真空泵的电气带有大量液雾或蒸气，真空破坏，空气就会进入这种液雾或蒸气，若不冷凝回收处理，直接排放就会很容易在扩散中遇到引火源而发生爆炸或燃烧。采用负压往往是出于安全考虑，负压操作的关键是防止易燃易爆气体或粉尘大量抽入真空泵，因此，真空泵前应有洗涤或过滤装置；其次，恢复常压时应小心，一般应待温度降低后再缓缓放进空气，以防氧化燃烧，负压操作的设备不得漏气，以免空气进入设备内部形成爆炸性混合物而增加燃烧爆炸危险；此外，设备强度应符合要求，以防抽瘪而发生事故。

(3) 压缩空气送料。压缩空气送料时，空气的压力必须满足输送任务对扬程的要求。

压缩空气输送物料不能运用于易燃和可燃液体物料的压送，因为压缩空气在压送物料时可以与液体蒸气混合形成爆炸性混合体系，同时可能产生静电积累，很容易导致系统爆炸。

2. 液态物料输送危险控制要点

(1) 输送易燃液体宜采用蒸气往复泵。如采用离心泵，则泵的叶轮应用金属制造，以防撞击产生火花。设备和管道均应有良好的接地，以防静电引起火灾。由于采用虹吸和自流的输送方法较为安全，故应优先选择。

(2) 对于易燃液体，不可采用压缩空气压送，因为空气与易燃液体蒸气混合，可形成爆炸性混合物，且有产生静电的可能。对于闪点很低的可燃液体，应用氮气或二氧化碳等惰性气体压送。闪点较高及沸点在130℃以上的可燃液体，如有良好的接地装置，可用空气压送。

(3) 临时输送可燃液体的泵和管道（胶管）连接处必须紧密、牢固，以免输送过程中管道受压脱落漏料而引起火灾。

(4) 用各种泵类输送可燃液体时，其管道内流速不应超过安全速度，且管道应有可靠的接地措施，以防静电聚集。同时要避免吸入口产生负压，以防空气进入系统导致爆炸或抽瘪设备。另外注意以下几个方面：

1) 输送液化可燃气体宜采用液环泵，因液环泵比较安全。但在抽送或压送可燃气体时，进气入口应该保持一定余压，以免造成负压吸入空气形成爆炸性混合物。

2) 为避免压缩机气缸、储气罐以及输送管路因压力增高而引起爆炸，这些部分要有足够的强度。此外，要安装经核验准确可靠的压力表和安全阀（或爆破片），安全阀泄压时应将危险气体导致安全的地点。还可安装压力超高报警器、自动调节装置或压力超高自动停车装置。

3）压缩机在运行中不能中断润滑油和冷却水，并注意冷却水不能进入气缸，以防发生水锤。

4）气体抽送、压缩设备上的垫圈易损坏漏气，应经常检查，及时换修。

3. 固体块状物料和粉状物料输送安全要点

块状与粉状物料的输送多采用皮带输送、螺旋输送、刮板输送、链斗输送、斗式提升、高位密闭溜槽以及气力输送等形式。重点注意以下几个方面：

（1）采取皮带传动时，皮带及皮带轮接触部位应设置安装防护罩；防止皮带因高温物料烧毁，或因偏斜刮挡而造成皮带撕裂的事故发生。

（2）采用齿轮传动时，齿轮同齿轮，齿轮同齿条、链条啮合良好。应注意负荷的均匀输送，防止因卡料而拉断链条、链板，甚至拉毁整个输送设备机架。

（3）斗式提升机应安装预防链条拉断而坠落的防护装置。链式输送机还应注意下料器的操作，防止因下料过多，料面过高造成链带拉断。

（4）螺旋输送器要防止螺旋导叶与壳体间隙混入杂物（如铁筋、铁块等），以防挤坏螺旋导叶和壳体。

（5）采用气力输送时，除气流输送系统本身会产生故障之外，最大的问题是系统的堵塞和由静电引起的粉尘爆炸。粉料气流输送系统应保持良好的严密性，其管道材料应选择导电材料并良好接地，如采用绝缘材料管道，则管外应采取接地措施。输送速度不应超过该物料允许的流速，粉料不要堆积在管内，要及时清理管壁。

二、加热操作的安全

温度是化工生产中最常见的需控制的条件之一。加热是控制温度的重要手段，其操作的关键是按规定严格控制温度范围和升温速度。温度过高会使化学反应速度加快，若是放热反应，则放热量增加，一旦散热不及时，温度失控，就会发生冲料，甚至会引起燃烧和爆炸。

升温速度过快不仅容易使反应超温，而且会损坏设备。例如，升温过快会使带有衬里的设备及各种加热炉、反应炉等设备损坏。

生产中常用的加热方式有直接火加热（包括烟道气加热等）、蒸汽或热水加热、有机载体（或无机载体）加热以及电加热等。加热温度在100℃以下的，常用热水或蒸汽加热；100～140℃用蒸汽加热；超过140℃时，用加热炉直接加热或用热载体加热；超过250℃时，一般用电加热。

1. 直接火加热的安全要点

（1）将加热炉门同加热设备间用砖墙完全隔离，不使厂房内存在明火。炉膛构造应采用烟道气辐射方式加热，避免火焰直接接触设备，以防止因高温烧穿加热锅和管子。

（2）加热锅内残渣应经常清除，以防止局部过热引起锅底破裂。

（3）加热锅的烟囱、烟道等灼热部位，要定期检查、维修。

（4）容量大的加热锅发生漏料时，可将锅内的物料及时转移。

（5）使用液体或气体燃烧的炉子，点火前应吹扫炉膛，排除能积存的爆炸性混合气体，防止点火时发生爆炸。

（6）防止煤粉为燃料的炉子煤粉爆炸。使用煤粉为燃料的炉子，应防止煤粉爆炸，在制粉系统上安全装爆破片。煤粉漏斗应保持一定的储量，不许倒空，避免因空气进入形成爆炸性混合物。

2. 水蒸气、热水加热的安全要点

（1）处理与水会发生反应的物料时，不宜用水蒸气或热水加热。对于易燃、易爆物质，采用水蒸气或热水加热是比较安全的，但操作仍需注意安全。

（2）定期检查蒸汽夹套和管道的耐压强度，装设压力计和安全阀等，以免容器或管道炸裂。

（3）高压水蒸气加热的设备和管道应有很好的保温性能，避免烤着可燃、易燃物品以及发生烫伤事故。

（4）加热操作时，应保持适宜的升温速度，不能过快，否则可能失去控制，使加热温度超过工艺要求的温度上限，发生冲料、过热燃烧等事故。

3. 载体加热的安全要点

常用的载体有有机油、锭子油、二苯混合物（73.5%二苯醚和 26.5%联苯）、熔盐（7%硝酸钠、40%亚硝酸钠和 53%硝酸钾）、金属熔融物等，一般温度可达 230～540℃，最高可达 1 000℃。载体加热主要注意以下几个方面：

（1）油类作载体加热时，若用直接火通过充油夹套加热，且在设备内处理有燃烧、爆炸危险的物质，则需将加热炉门与反应设备用砖墙隔绝，或将加热炉设于车间外面，将热油输送到需要加热的设备内循环使用。应严格密闭油循环系统，不准热油泄漏，定期检查和清除油锅、油管上的沉积物。

（2）使用二苯混合物作载体加热时，严禁混入杂质，如低沸点杂质以及易燃易爆杂质，否则在升温过程中极易产生爆炸危险。

（3）使用无机物载热体加热时，温度可达 350～500℃。操作金属浴时应防止其蒸汽对人体的危害。

（4）采用硝酸钠、亚硝酸钠等无机盐作加热载体时，要预防与有机物等可燃物接触，因为这种高温熔盐具有强氧化性，与有机物接触后会产生强烈的氧化还原反应引起燃烧或爆炸。

4. 电加热的安全要点

（1）用电炉加热易燃物质时，应采用封闭式电炉，电炉丝与被加热的器壁应有良好的绝缘。

（2）用电感加热时应保证设备的安全可靠程度，避免电感线圈绝缘破坏、受潮发生漏电、短路等，产生电火花、电弧，或接触不良发热，均能引起易燃易爆物质着火、爆炸。

（3）加强通风，以防止形成爆炸性混合物，加强检查维护，及时发现问题，及时处理。

（4）注意被加热物料的危险特性，严禁物料过热分解发生爆炸，热敏性物料不宜选择电加热。

（5）电加热时，一旦发生事故，可迅速切断电源。

三、冷却、冷凝、冷冻操作的安全

1. 冷却与冷凝

（1）冷却与冷凝概述。冷却与冷凝被广泛应用于化工操作之中。二者主要区别在于被冷却的物料是否发生相的改变。若发生相变（如气相变为液相）称为冷凝，若无相变只是温度降低则称为冷却。根据冷却与冷凝所用的设备，可分为直接冷却与间接冷却两类。

直接冷却，可直接向所需冷却的物料加入冷水或冰，也可将物料置入敞口槽中或喷洒于空气中，使之自然气化而达到冷却的目的（这种冷却方法也称为自然冷却）。在直接冷却中常用的冷却剂为水。直接冷却法的缺点是物料被稀释。

间接冷却通常是在具有间壁式的换热器中进行的。壁的一边为低温载体，如冷水、盐水、冷冻混合物以及固体二氧化碳等，壁的另一边为所需冷却的物料。一般冷却水所达到的冷却效果不低于 0℃，20%浓度的盐水的冷却效果可达 0～15℃；冷冻混合物（以压碎的冰或雪与盐类混合制成），依其成分不同，冷却效果可达 0～45℃。在化工生产中，实现冷却、冷凝的设备通常是间壁式换热器，常用的冷却、冷凝介质是冷水、盐水等。

（2）冷却、冷凝的安全技术。冷却、冷凝的操作在化工生产中容易被忽视。实际上它很重要，它不仅涉及原材料定额消耗和产品收率，而且对安全生产也有影响。

1）根据被冷却物料的温度、压力、理化性质以及所要求冷却的工艺条件，正确选用冷却设备和冷却剂。

2）对于腐蚀性物料的冷却，最好选用耐腐蚀材料的冷却设备。如石墨冷却器、塑料冷却器，以及用高硅铁管、陶瓷管制成的套管冷却器和钛材冷却器等。

3）严格注意冷却设备的密闭性，不允许物料窜入冷却剂中，也不允许冷却剂窜入被冷却的物料中（特别是酸性气体）。

4）冷却设备所用的冷却水不能中断。否则，反应热不能及时导出，会导致反应异常，系统压力增高，甚至产生爆炸。另外，冷凝、冷却器如断水，会使后部系统温度增高，未冷凝的危险气体外逸排空，可能导致燃烧或爆炸。

5）开车前首先清除冷凝器中的积液，再打开冷却水，然后通入高温物料，停车时，应首先停止通往被冷却的高温物料，再关闭冷却系统。

6）冷却凝固点较高的物料时，要控制温度，防止物料卡住搅拌器或堵塞设备及管道，造成事故。

7）为保证不凝可燃气体的排空安全，可充氮或惰性气体保护。

8）检修冷凝、冷却器，应彻底清洗、置换，切勿带料焊接。

2. 冷冻

在某些化工生产过程中，如蒸汽、气体的液化，某些组分的低温分离，以及某些物品的输送、储藏等，常需将物料降到比水或周围空气更低的温度，这种操作称为冷冻或制冷。冷冻操作其实质是不断由低温物体取出热量并传给高温物质（水或空气），以使被冷冻的物料温度降低。热量由低温物体到高温物体这一传递过程是借助于冷冻剂实现的。适当选择冷冻剂及其操作技术，可以获得由0℃至接近于绝对0℃的任何程度的冷冻。一般说来，冷冻程度与冷冻操作的技术有关，凡冷冻范围在－100℃以内的称冷冻；而在－210～－100℃或更低的温度，则称为深度冷冻（简称深冷）。

（1）冷冻方法。生产中常用的冷冻有以下几种方法。

1）低沸点液体的蒸发。如液氨在0.2 MPa压力下蒸发，可以获得－15℃的低温，若在0.041 19 MPa压力下蒸发，则可达－50℃；液态乙烷在0.053 54 MPa压力下蒸发，可达－100℃，液态氮蒸发可达－210℃等。

2）冷冻剂于膨胀机中膨胀，气体对外做功，致使内能减少而获取低温。该法主要用于那些难以液化气体（如空气、氢等）的液化过程。

3）利用气体或蒸汽在节流时所产生的温度降而获取低温的方法。

（2）冷冻剂。冷冻剂的种类较多。常见的冷冻剂有氨、氟利昂、乙烯、丙烯等，目前广泛使用的冷冻剂是氨。在石油化学工业中，常用石油裂解产品乙烯、丙烯作冷冻剂。下面简要介绍一下氨和氟利昂的性质。

1）氨的性质。氨有强烈的刺激性臭味，在空气中超过30 mg/m^3，长期作业会对人体产生危害。氨属易燃、易爆物质，其爆炸下限为15.5%。氨于130℃开始明显分解，至890℃时全部分解。氨在标准大气压下沸点为−33.4℃，冷凝压力不高。它的汽化潜热和单位质量冷冻能力均远超过其他冷冻剂，所需氨的循环量少。氨几乎不溶于油，但易溶于水，一个体积的水可溶解700个体积的氨，所以，在氨系统内无冰塞现象。氨对于铁、铜不起反应，但若氨中含水时，则对铜及铜的合金具有强烈的腐蚀作用。因此，在氨压缩机中不能使用铜及其合金的零件。

2）氟利昂的性质。高浓度的氟利昂可诱发心律不齐和抑制呼吸功能。受高热分解，放出有毒的氟化物和氯化物气体，若遇高热，容器内压增大，有开裂和爆炸的危险。氟利昂应储存于阴凉、通风的仓间内，仓内温度不宜超过30℃，远离火种、热源等，防止阳光直射，应与易燃物、可燃物等分开存放。

（3）冷载体。冷冻机中产生的冷效应，通常不用冷冻剂直接作用于被冷物体，而是以一种盐类的水溶液作冷载体传给被冷物。此冷载体往返于冷冻机和被冷物之间，不断自被冷物取走热量，不断向冷冻剂放出热量。

常用的冷载体有氯化钠、氯化钙、氯化镁等溶液。对于一定浓度的冷冻盐水，有一定的冻结温度。所以，在一定的冷冻条件下，所用冷冻盐水的浓度应较所需的浓度大，否则有冻结现象产生，使蒸发器蛇管外壁结冰，严重影响冷冻机操作。盐水对金属有较大的腐蚀作用，在空气存在下，其腐蚀作用更强。因此，一般均采用密闭式的盐水系统，并在盐水中加入缓蚀剂。

（4）冷冻机。一般常用的压缩冷冻机由压缩机、冷凝器、蒸发器与膨胀阀等组成。冷冻设备所用的压缩机以氨压缩机为多见，使用氨冷冻压缩机时应注意：

1）采用不发生火花的电气设备。

2）在压缩机出口方向，应于气缸与排气阀间设置一个能使氨通到吸入管的安全装置，以防压力超高；为避免管路爆裂，在旁通管路上不装任何阻气设施。

3）易于污染空气的油分离器应设于室外；压缩机要采用低温不冻结、且不与氨发生化学反应的润滑油。

4）制冷系统压缩机、冷凝器、蒸发器以及管路系统，应注意其耐压程度和气密性，防止设备、管路裂纹、泄漏；同时要加强安全阀、压力表等安全装置的检查、维护。

5）制冷系统因发生事故或停电而紧急停车，应注意其被冷物料的排空处理。

6）装有冷料的设备及容器，应注意其低温材质的选择，防止低温脆裂。

7）避免含水物料在低温下冻结堵塞管线，造成增压导致爆炸事故。

四、粉碎、筛分、过滤及混合操作的安全

1. 粉碎

在生产中为满足其工艺要求，常常需要将固体物料粉碎或研磨成粉末以增加其接触面积，进而缩短化学反应时间。将大块物料变成小块物料的操作称粉碎；而将小块变成粉末的操作则称为研磨。粉碎分为湿法与干法两类。

粉碎方法按实际操作时的作用力可分为挤压、撞击、研磨、劈裂等。干法粉碎是最常用的方法，按被粉碎物料的直径尺寸可分为粗碎（直径范围为 40～1 500 mm）、中碎（直径范围为 5～50 mm）、细碎、磨碎或研磨（直径范围<5 mm）等。

根据被粉碎物料的物理性质和其大小，以及所需的粉碎度进行粉碎方法的选择。一般对于特别坚硬的物料，挤压和撞击有效，对韧性物料用研磨或剪力较好，以裂为宜，而对脆性物料则以劈为宜。

（1）粉碎设备。由于粉碎要求和被粉碎物料性质的不同；选择不同的粉碎机械。在干法粉碎中，按被粉碎物料的大小和粉碎后所获得成品的尺寸，将粉碎设备分为 4 类：

1）粗碎或预碎设备用于处理直径为 40～1 500 m 范围的原料，所得成品的直径约为 5～50 mm。

2）中碎和细碎设备用于处理直径为 5～50 mm 范围的原料，所得成品的直径为 0.1～5 mm。

3）磨碎或研磨设备用于处理直径为 2～5 mm 范围的原料，所得成品的直径约为 0.1mm 上下，并可小于 0.074 mm。

4）胶体磨用于处理直径在 0.2 mm 左右的原料，所得产品可以小到 0.01 μm。

（2）粉碎安全技术。粉碎过程中的关键部分是粉碎机。总体上要求粉碎机符合下列安全条件：①加料、出料最好是连续化、自动化；②具有防止粉碎机损坏的安全装置；③产生粉末应尽可能少；④发生事故能迅速停车。

对各类粉碎方式的安全要求具体如下：

1）各类粉碎机都必须有紧急制动装置，必要时可超速停车。运转中的粉碎机严禁检查、清理、调节和检修。如粉碎机加料口与地面一样平或低于地面不到 1 m 均应设安全格子。为保证安全操作，粉碎装置周围的过道宽度必须大于 1 m。如粉碎机安装在操作台上，则台与地面之间高度应在 1.5～2 m。操作台必须坚固，沿台周边应设高 1 m 的安全护栏。为防止金属物件落入粉碎装置，必须装设磁性分离器。

2）球磨必须具有一个带抽风管的严密外壳。如研磨具有爆炸性的物质，则内部需衬以橡皮或其他柔软材料，同时需采用青铜球。

3）各类粉碎、研磨设备要密闭，操作室要有良好通风，以减少空气中粉尘含量。必要时，室内可装设喷淋设备。

4）加料斗需用耐磨材料制成，应严密。在粉碎、研磨时料斗不得卸空，盖子要盖严。粉末输送管道应消除粉末沉积的可能。为此，输送管道与水平夹角不得小于45°。对于能产生可燃粉尘的研磨设备，要有可靠的接地装置和爆破片。要注意设备润滑，防止摩擦发热。研磨易燃、易爆物质的设备要通入惰性气体进行保护。为了确保安全，对于初次研磨的物料，应事先在研钵中进行试验，了解是否黏结、着火，然后正式进行机械研磨。

5）发现粉碎系统中粉末阴燃或燃烧时，须立即停止送料，并采取措施断绝空气来源，必要时充入氮气、二氧化碳以及水蒸气等惰性气体。但不宜使用加压水流或泡沫进行扑救，以免可燃粉尘飞扬，引起事故扩大。

6）可燃物研磨后，应先行冷却，然后装桶，以防发热引起燃烧。

7）粉碎操作应定期清洗机器，避免由于粉碎设备高速运转、挤压产生高温使机内存留的原料熔化后结块堵塞进出料口，形成密闭发生爆炸事故。

2. 筛分

在生产中为满足生产工艺要求，常将固体原材料、产品进行颗粒分级。这种分级一般是通过筛选办法实现的。筛选时将固体颗粒度（块度）分级，选取符合工艺要求的粒度，这一操作过程称为筛分。筛分分为人工筛分和机械筛分。人工筛分劳动强度大，操作者直接接触粉尘，对呼吸器官及皮肤有很大的危害。而机械筛分可大大减轻体力劳动、减少与粉尘接触机会，如能很好密闭，实现自动控制，操作者将摆脱粉尘危害。

筛分所采用的设备是筛子，筛子分固定筛和运动筛两类。按筛网形状可分为转筒式和平板式两类。在转筒式运动筛中有圆盘式、滚筒式和链式等；在平板式运动筛中则有摇动式和簸动式。

筛分最大的危险性是可燃粉尘与空气形成爆炸性混合物，遇点火源发生粉尘爆炸事故，因此，从安全角度出发，筛分时要注意：

（1）在筛分操作过程中，粉尘如具有可燃性，应注意因碰撞和静电而引起粉尘燃烧、爆炸；如粉尘具有毒性、吸水性或腐蚀性，要注意呼吸器官及皮肤的保护，以防引起中毒或皮肤伤害。

（2）筛分操作是大量扬尘过程，在不妨碍操作、检查的前提下，应将筛分设备最大限度地进行密闭。

(3) 要加强检查，注意筛网的磨损和筛孔堵塞、卡料，以防筛网损坏和混料。

(4) 筛分设备的运转部分要加防护罩，以防绞伤人体。

(5) 振动筛会产生大量噪声，应采取隔离等消声措施。

3. 过滤

在生产中要将悬浮液中的液体与悬浮固体微粒有效分离，一般采取过滤的方法。过滤操作是使悬浮液中的液体在重力、真空、加压及离心力的作用下，通过多细孔物体将固体悬浮微粒截留进行分离的操作。

(1) 过滤方法。过滤操作过程一般包括悬浮液的过滤、滤饼洗涤、滤饼干燥和卸料四个组成部分。按操作方法可分为间歇过滤和连续过滤。过滤按其推动力可分为重力过滤、加压过滤、真空过滤、离心过滤。

1) 重力过滤是依靠悬浮液本身的液柱压差进行过滤。

2) 加压过滤是在悬浮液上面施加压力进行过滤。

3) 真空过滤是在过滤介质下面抽真空进行过滤。

4) 离心过滤是借悬浮液高速旋转所产生之离心力进行过滤。

悬浮液的化学性质对过滤有很大影响。如液体有强腐蚀性，则滤布与过滤设备的各部件都要选择耐腐蚀的材料制造。如果滤液挥发性很强，或其蒸气具有毒性，则整个过滤系统必须密闭。

重力过滤的速度不快，一般仅用于处理固体含量少而易于过滤的悬浮液。真空过滤其推动力比重力过滤强，能适应很多过滤过程的要求，因此应用较广，但它要受到大气压力与溶液沸点的限制，且需要设置专门的真空装置。加压过滤可提高推动力，但对设备的强度和严密性有较高的要求，其所加压力要受到滤布强度、堵塞、滤饼可压缩性以及对滤液清洁度要求程度的限制。离心过滤效率高，占地面积小，因此在生产中得到广泛应用。

(2) 过滤材料介质的选择。生产上所用的过滤介质需具备下列基本条件：

1) 必须具有多孔性，使滤液易通过，且孔隙的大小应能截留悬浮液粒。

2) 必须具有化学稳定性，如耐腐蚀性、耐热性等。

3) 具有足够的机械强度。

根据上述条件对过滤介质进行选择。常用的过滤介质种类比较多，一般可归纳为粒状介质（如细沙、石砾、玻璃碴、木炭、骨灰、酸性白土等，适于过滤固相含量极少的悬浮液）、织物介质（可由金属或非金属丝织成）、多孔性固体介质（如多孔陶瓷板及管、多孔玻璃、多孔塑料等）等。

(3) 过滤的安全技术。过滤机按操作方法分为间歇式和连续式。也可按照过滤推动力的不同分为重力过滤机、真空过滤机、加压过滤机和离心过滤机。

从操作方式看来，连续过滤较间歇式过滤安全。连续式过滤机循环周期短，能自动洗涤和自动卸料，其过滤速度较间歇式过滤机为高，且操作人员脱离与有毒物料接触，因此比较安全。间歇式过滤机由于卸料、装合过滤机、加料等各项辅助操作的经常重复，所以，较连续式过滤周期长，且人工操作，劳动强度大，直接接触毒物，因此不安全，如间歇式操作的吸滤机、板框式压滤机等。

当过滤中能散发有害的或有爆炸性气体时，不能采用敞开式过滤机操作，而要采用密闭式过滤机，并以压缩空气或惰性气体保持压力。在取滤渣时，应先放压力，否则会发生事故。

对于离心过滤机，应注意其选材和焊接质量，并应限制其转鼓直径与转速以防止转鼓承受高压而引起爆炸。因此，在有爆炸危险的生产中，最好不使用离心机，而使用转鼓式、带式等真空过滤机。

离心机超负荷运转、时间过长，转鼓磨损或腐蚀、启动速度过高均有可能导致事故的发生。对于上悬式离心机，当负荷不均匀时运转会发生剧烈振动，不仅磨损轴承，而且能使转鼓撞击外壳而发生事故。转鼓高速运转，也可能由外壳中飞出而造成重大事故。

当离心机无盖或防护装置不良时，工具或其他杂物有可能落入其中，并以很大速度飞出伤人。即使杂物留在转鼓边缘，也可能引起转鼓振动造成其他危险。

不停车或未停稳清理器壁，铲勺会从手中脱飞，使人致伤。在开停离心机时，不要用手，以防发生事故。

当处理具有腐蚀性物料时，不应使用铜质转鼓，而应采用钢质衬铅或衬硬橡胶的转鼓。应经常检查衬里有无裂缝，以防腐蚀性物料由裂缝腐蚀转鼓。镀锌、陶瓷或铝制转鼓，只能用于速度较慢、负荷较低的情况下，为安全计，还应有特殊的外壳保护。此外，操作过程中加料不匀也会导致剧烈振动，应引起注意。

离心机的安全操作应注意：

1）转鼓、盖子、外壳及底座应用韧性金属制造；对于轻负荷转鼓（50 kg 以内），可用铜制造，并要符合质量要求。

2）处理腐蚀性物料，转鼓需有耐腐衬里。

3）盖子应与离心机启动连锁，运转中处理物料时，可减速在盖上开孔处处理。

4）应有限速装置，在有爆炸危险厂房中，其限速装置不得因摩擦、撞击而发热或产生火花；同时不要选择临界速度操作。

5）离心机开关应安装在近旁，并应有锁闭装置。

6）在楼上安装离心机，应用工字钢或槽钢做成金属骨架，要有减振装置。并注意其内、外壁间隙，转鼓与刮刀间隙，同时，应防止离心机与建筑物产生谐振。

7）应定期检查离心机的内、外部及负荷。

（4）电除雾器和电除尘器安全技术。电除雾器多用于硫酸等类似具有烟雾等的生产过程中，主要注意以下安全事项：

1）电源设备。为使电除雾器高效运转，经常加上尽可能高的电压，所以导电部分和大地的绝缘，支承物的构造以及材料等应当予以特别注意。

2）收尘室。除尘装置中气体温度在露点以下会引起化学腐蚀，由于 $H_2O-H_2SO_4$ 冷凝而引起绝缘物表面上漏电，或在电极线上黏附粉尘，或者生成绝缘性的覆盖膜，所以应该经常使气体温度保持在露点以上；另外，要注意在 500℃以上的高温下由于构件的热应力而产生的故障。

3）酸雾的排出。对电除雾器来说，捕集下来的酸雾是从室内下部向室外作为排放液逐渐排出，由于排放液中的金属化合物等会堵塞排出管，引起进气室内积酸而招致气体阻力增大，所以需要加以注意。

4）除雾室的清扫。除雾室长期运转后，除尘效率会逐渐降低，所以必须在适当的时期打开清扫。定期清扫的周期根据矿的品种、焙烧炉形式、操作状态等决定。

5）放电电极的更换。电除尘器的放电电极由于粉尘的黏附、绝缘皮膜的形成以及腐蚀、安装质量不好而引起断线，或者由于不可能纠正的弯曲等原因，需要予以更换。使用硫黄矿及锌矿时，放电电极往往有形成绝缘皮膜的现象，一般 1～5 年全部更换一次。除雾装置放电电极更换的理由大致也与除尘装置相同，星型突出部分破损厉害时也需要更换。

6）绝缘瓷瓶。绝缘瓷瓶的破坏、龟裂是经常发生的，这会招致不能外加高电压或不能送电，其原因如下：对于冷凝漏电，由于收尘室在运转中温度降低，SO_3 在表面上冷凝，往往发生漏电，所以必须在适当的温度下（出口 300℃）运转，安装作业要谨慎，不要碰撞或安装不合适。

7）油封用绝缘油。电除雾器使用油封时，绝缘油直接与外面气体、炉气接触、所以尘埃、酸雾、水分等进入而使绝缘变得非常不好，由于液面放电或悬浮尘埃的电桥闪络而不能施加高的电压，进而还会发生火灾放电，并有可能发生火灾，所以应该尽量使用绝缘良好的绝缘油；另外，必须定期进行绝缘耐力试验及除去混入的水分作业。长期使用后的绝缘油由于绝缘能力恶化，1～2 年需要更换再生一次。

(5) 静电除尘器的安全使用

静电除尘器的安全使用注意以下几方面:

1) 保持静电除尘器中正压,防止空气进入除尘器内,生成爆炸性混合气体,发生危险。

2) 静电除尘器电压为30～80 kV,要防触电。

3) 静电除尘器CO含量<2%。

4) 静电除尘器设有联锁装置,如烟气出口压力小于一定时,能自动切断电源。

5) 进入静电除尘器的烟气氧体积分数不得超过0.8%,以防爆炸。超过时,静电除尘器应断电。

4. 混合

凡是两种以上物料相互分散,而达到温度、浓度以及组成一致的操作,均称为混合。混合分液态与液态物料的混合、固态与液态物料的混合和固态与固态物料的混合。固体混合分为粉末、散粒的混合。此外,尚有糊状物料的捏合。混合操作是用机械搅拌、气流搅拌以及其他混合方法完成的。

(1) 混合设备。

1) 液体混合设备。液体混合设备分为机械搅拌(如桨式搅拌器、螺旋桨式搅拌器、涡轮式搅拌器、特种搅拌器等)与气流搅拌(是用压缩空气或蒸汽以及氮气通入液体介质中进行鼓泡,以达到混合目的的一种装置)。

2) 固体、糊状物混合设备。固体介质的混合包括固体粉末和与糊状物的捏和。此类设备有捏和机、螺旋混合器、干粉混合器等。

(2) 混合安全技术。

混合是加工制造业广泛应用的操作,因其固有的性质,有着特殊的危险,还有与动力机械有关的机械危险。要根据物料性质(如腐蚀性、易燃易爆性、粒度、黏度等)正确选用设备。

对于利用机械搅拌进行混合的操作过程,桨叶的强度是非常重要的。桨叶制造要符合强度要求,安装要牢固,不允许产生摆动。在修理或改造桨叶时,应重新计算其坚牢度。特别是在加长桨叶的情况下,尤其应该注意。因为桨叶消耗能量与其长度的5次方成正比。不注意这一点,可致电动机超负荷以及桨叶折断等事故发生。

搅拌器不可随意提高转速,尤其对于搅拌非常黏稠的物质,因其可能造成电机超负荷、桨叶断裂以及物料飞溅等。搅拌黏稠物料最好采用推进式及透平式搅拌机。

为防止超负荷造成事故，应安装超负荷停车装置。混合操作的加、出料应实现机械化、自动化。在混合能产生易燃、易爆或有毒物质的物料时混合设备应很好密闭，并充入惰性气体加以保护。当搅拌过程中物料产生热量时，应在安装机械搅拌的同时，辅以气流搅拌，以回收处理。

混合可燃粉料的设备应很好接地，以导除静电，并应在设备上安装爆破片。混合设备不允许落入金属物件。进入大型机械搅拌设备检修时应切断电源或开关加锁，绝对不允许任意启动。

1）液—液混合。液—液混合一般是使有电动搅拌，在敞开或密闭容器中进行的。应依据液体的黏度和所混合过程，如分散、反应、除热、溶解或多个过程的组合，设计搅拌，还需要有仪表测量和报警装置强化的工作保证系统。装料时就应该开启搅拌，否则，反应物分层或偶尔结一层外皮会引起危险反应。为使夹套或蛇管有效除热必须开启搅拌的情形，在设计中应充分估计到失误的可能，也应该考虑机械故障的影响以及与过程有关的危险。

2）气—液混合。有时应用喷雾器把液体喷入容器或塔内，借助机械搅拌实现气体分配。很显然如果液体是易燃的，而喷入的是空气，会在气液界面上形成易燃蒸气—空气的混合物、易燃烟雾或易燃泡沫。只有采取适当的防护措施，如整个流线的低流速或低压警报、自动断路、防止静电产生等，才能使混合顺利进行。如果液体是在气体中分散，则可能会形成毒性或易燃性悬浮微粒。

3）固—液混合。固—液混合可在搅拌容器或重型设备中进行。在搅拌容器内固体分散或溶解操作中，如果是重质混合，必须移除器壁上的结垢和出口管线的堵塞。

4）固—固混合。固—固混合用的都是重型设备，因此最突出的是机械危险。如果固体是可燃的，必须采取防护措施，把粉尘爆炸危险降至最低限度，如在惰性气体中操作，采用爆炸卸荷防护墙设施，消除火源，特别注意静电的产生或轴承的过热等。应该采用筛分、磁分离、手工分类等移除杂金属或过硬固体等。

5）气—气混合。无需机械搅拌，只要简单接触就能充分混合。易燃混合物和爆炸混合物需要采取通常的防护措施。

五、熔融操作的安全

在化工生产中常常需要将某些固体物料（如氢氧化钠、氢氧化钾、萘、磺酸钠等）融化之后，以进行化学反应。熔融操作安全主要应考虑被熔融物料的化学性质（如熔融时的黏度等）、熔融过程中副产物的生成、熔融设备、加热方式及物料的破碎等方面，在操作时应注意以下几个方面：

1. 避免物料熔融时对人体的伤害。被熔融固体物料固有的危险性对操作者的安全有很大影响，例如，碱熔过程中的碱屑或碱液飞溅到皮肤上或眼睛里会造成灼伤。

2. 注意熔融物中杂质的危害。熔融物和磺酸盐中若含有无机盐等不熔杂质会造成局部过热，烧焦，致使熔融物喷出。因此，应尽量除去杂质，否则，不熔融杂质呈块状残留于反应物内，致使熔融物喷出，烧伤操作人员。

3. 降低物质的黏稠程度，熔融时黏度较大的物料极易黏结在锅底，当温度升高时易结焦，产生局部过热引发着火爆炸。可用水将碱稀释，以增加其流动性和降低熔化温度。

4. 防止溢料事故，如进行熔融操作时，加料量应适宜，盛装量一般不超过设备容量的2/3，并在熔融设备上设置防溢装置，防止物料溢出与明火接触发生火灾。

5. 熔融过程中必须不间断地搅拌，使其加热均匀，以免局部过热、烧焦，导致熔融物喷出，造成烧伤。

6. 尽可能使熔融过程在危险性较小的低温下进行，一般熔融过程在150～350℃下进行，通常采用烟道气加热，也可采用油浴或金属浴加热，加热温度必须控制在被熔物料的自燃点以下，同时应避免所用燃料的泄漏引起爆炸或中毒事故。

7. 若采用煤气加热，应防止煤气泄漏引起爆炸或中毒。

六、干燥、蒸发与蒸馏操作的安全

1. 干燥

干燥是利用干燥介质所提供的热能将固体物料中的水分（或其他溶剂）除去的单元操作。

在干燥易燃、易爆的物料时，以采用连续式或间歇式真空干燥比较安全。因为在真空条件下，易燃液体蒸发速度快，干燥温度还可适当控制低一些，可以防止由于高温物料局部过热分解，降低火灾爆炸的危险性。当真空干燥后消除真空时，空气过早进入，会引起干燥物着火或爆炸；性质不稳定、容易氧化分解的物料进行干燥时，辊筒转速过快，使物料落入转动部分，转动部分没有良好的润滑和接地措施，可能发生燃烧或爆炸。干燥安全操作应注意以下几点：

（1）干燥中应该严格控制各种物料的干燥温度，根据情况采取温度计、温度自动调节和信号报警等控制措施。

（2）干燥易燃易爆物质，应采用蒸汽加热的真空干燥箱；真空能降低爆炸的危险性，但当烘干结束后，去除真空时，一定要等到温度降低后才能放进空气；当干燥物料中含有自燃点很低或其他有害杂质时，必须在烘干前彻底清除掉，干燥室内不得放置容易自燃的物质。

(3) 干燥室与生产车间应用防火墙隔绝，并安装良好的通风设备，电气设备开关应安装在室外；对易燃易爆物质采用流速较大的热空气干燥时，排气用的设备和电动机应采用防爆的；在用电烘箱烘烤能够蒸发易燃蒸气的物质时，电炉丝应完全封闭，箱上应加防爆门。

(4) 在干燥室或干燥箱内操作时，应防止可燃的干燥物直接接触热源，以免引起燃烧。

(5) 利用烟道气直接加热可燃物时，在滚筒或干燥器上应安装防爆片，以防烟道气混入CO而引起爆炸，同时注意加料不能中断，滚筒不能中途停止回转，如发生上述情况应立即封闭烟道的入口，并灌入氮气。

(6) 采用洞道式、滚筒式干燥器干燥时，主要防止机械伤害。

(7) 在气流干燥、喷雾干燥、沸腾床干燥以及滚筒式干燥中，多以烟道气、热空气为干燥热源，干燥过程中所产生的易燃气体和粉尘同空气混合易达到爆炸极限；在气流干燥中，物料由于迅速运动激烈碰撞、摩擦易产生静电；滚筒干燥中的刮刀有时和滚筒壁摩擦产生火花，这些都是很危险的。因此，应该严格控制干燥气流风速，并将设备接地；对于滚筒干燥应适当调整刮刀与筒壁间隙，并将刮刀牢牢固定，或采用有色金属材料制造刮刀，以防产生火花用烟道气加热的滚筒式干燥器，应加热均匀，不可断料，滚筒不可中途停止运转。斗口有断料或停转，应切断烟道气并通氮；干燥设备上应安装爆破片。

2. 蒸发

蒸发是借加热作用使溶剂不断汽化，以提高溶液中溶质的浓度，或使溶质析出的物理过程。蒸发器主要由加热室和蒸发室两部分构成。常见蒸发器的种类有循环型和单程型。蒸发安全操作主要是控制好蒸发温度，防止物料在蒸发过程中产生局部过热，使物料分解、燃烧和爆炸而导致事故。蒸发安全操作应注意以下几个方面：

(1) 注意被蒸发溶液中溶质在浓缩过程的特性，可能有结晶、沉淀和污垢生成，应避免产生局部过热，使物料分解、燃烧和爆炸，因此，加热部分需经常清洗。

(2) 对热敏性物料，宜采用真空蒸发，以降低蒸发温度或尽量缩短溶液在蒸发器内停留时间和与加热面接触时间，可选择单程型蒸发器。

(3) 在蒸发操作中，管内壁出现结垢现象是不可避免的，尤其当处理易结晶和腐蚀性物料时。结垢会使传热量下降。在蒸发操作中，一方面应定期停车清洗、除垢；另一方面应改进蒸发器的结构，如把蒸发器的加热管加工光滑些，使污垢不易生成，即使生成也易清洗，提高溶液循环的速度，从而降低污垢生成的速度。

3. 蒸馏

蒸馏是借液体混合物各组分挥发度的不同，使其分离为纯组分操作。蒸馏操作可分为间歇蒸馏和连续蒸馏，按压力可分为常压、减压和加压（高压）蒸馏。此外还有特殊蒸馏，如蒸汽蒸馏、萃取蒸馏、恒沸蒸馏和分子蒸馏等。用于蒸馏的设备称为蒸馏塔，蒸馏塔按塔板结构可分为填料塔、筛板塔、浮阀塔、泡罩塔、蛇形塔、消旋塔以及管式塔等。

对不同的物料应选择正确的蒸馏方法和设备。在处理难以挥发的物料时（常压下沸点在 150℃以上）应采用真空蒸馏，这样可以降低蒸馏温度，防止物料在高温下分解、变质或聚合。在处理中等挥发性物料（沸点为 100℃左右）时，采用常压蒸馏。对于沸点低于 30℃的物料，则应采用加压蒸馏。蒸汽蒸馏通常用于在常压下沸点较高，或在沸腾时容易分解的物质的蒸馏，也常用于高沸点物与不挥发杂质的分离，但只限于完全不溶于水的产品。萃取蒸馏与恒沸蒸馏主要用于分离由沸点极接近或恒沸组成的各组分所组成的、难以用普通蒸馏方法分离的混合物。分子蒸馏是相当于绝对真空下进行的一种真空蒸馏。在这种条件下，分子间的相互吸引力减少，物质的挥发度提高，使液体混合物中难以分离的组分容易分开。由于分子蒸馏降低了蒸馏温度，所以，可以防止或减少有机物的分解。

蒸馏塔釜容有大量的沸腾液体，塔身和冷凝器则需要有数倍沸腾液体的容量，应用热环流再沸器代替釜式再沸器可以减少连续蒸馏中沸腾液体的容量，这样的蒸汽发生再沸器或类似设计的蒸发器，其针孔管易于结垢堵塞造成严重后果，应该选用合适的传热流体。还需要考虑冷凝器冷却管有关的故障，如塔顶沾染物、馏出物、回流液，以及冷却介质及其污染物的影响。

蒸馏塔需要配置真空或压力释放设施。如果有水偶然进入塔内，而塔温和塔压又足以使大量水即刻蒸发，是相当危险的，特别是会损坏塔内部件。冷水喷入充满蒸汽而没有真空释放阀的塔，在外部大气压力作用下会造成塔的塌陷。释放阀可安装在回流筒上，低温排放，也可在塔顶，向大气排放。应该考虑夹带污物进塔的危险。间歇蒸馏中的釜残或传热面污垢、连续蒸馏中预热器或再沸器污染物的积累，都有可能酿成事故。

在蒸馏操作中应注意以下的安全要点：

（1）常压蒸馏。

1）在常压蒸馏中，易燃液体的蒸馏热源不能采用明火，而采用水蒸气或过热水蒸气加热较安全。

2）蒸馏腐蚀性液体，应防止塔壁、塔盘腐蚀，造成易燃液体或蒸气逸出，遇明火或灼热的炉壁而产生燃烧。

3）蒸馏自燃点很低的液体，应注意蒸馏系统的密闭，防止因高温泄漏遇空气自燃；

4）对于高温的蒸馏系统，应防止冷却水突然漏入塔内，这将会使水迅速汽化，塔内压力突然增高而将物料冲出或发生爆炸，开车前应将塔内和蒸气管道内的冷凝水放尽，然后使用。

5）在常压蒸馏过程中，还应防止管道、阀门被凝固点较高的物质凝结堵塞，导致塔内压力升高而引起爆炸。

6）用直接火加热蒸馏高沸点物料时，应防止产生自燃点很低的树脂油状物遇空气而自燃同时，应防止蒸干，使残渣焦化结垢，引起局部过热而着火爆炸，油焦和残渣应经常清除。

7）冷凝系统的冷却水或冷冻盐水不能中断，否则未冷凝的易燃蒸气逸出，使局部吸收系统温度增高，或窜出遇明火而引燃。

（2）减压蒸馏。

1）对于沸点较高、在高温下蒸馏时能引起分解、爆炸和聚合的物质，采用真空蒸馏较为合适。

2）避免真空蒸馏设备的密闭性不好吸入空气，引起某些易爆物质爆炸或着火，因此，真空蒸馏所用的真空泵应安装单向阀，防止突然停泵、造成空气进入设备。

3）当易燃易爆物质蒸馏完毕，待其蒸馏锅冷却，充入氮气后，再停止真空泵运转，以防空气进入热的蒸馏锅引起燃烧或爆炸。

4）真空蒸馏应注意其操作顺序，先打开真空阀门，然后开冷却器阀门，最后打开蒸汽阀门，否则，物料会被吸入真空泵，并引起冲料，使设备受压甚至产生爆炸。

5）易燃物质进行真空蒸馏的排气管，应通至厂房外，管道上应安装阻火器。

（3）加压蒸馏。

1）注意加压蒸馏设备的气密性和耐压性，应安装安全阀和温度、压力调节控制装置，严格控制蒸馏温度与压力。

2）在蒸馏易燃液体时，应注意系统的静电消除。特别是对苯、丙酮、汽油等不易导电液体的蒸馏，更应将蒸馏设备、管道良好接地，室外蒸馏塔应安装可靠的避雷装置。

3）蒸馏设备应经常检查、维护。

七、吸收操作的安全

吸收是利用气体混合物各组分在液体溶剂中溶解度的差异来分离气体混合物的单元操作，其逆过程是解吸，常用设备为喷雾塔、填料塔或板式塔。如在污染控制中常见的，溶质的浓度很低，这称为“洗气”。有时相当少量的气体的断续排放，可用插入容器中液体的喷管简单鼓泡完成吸收，但需要监测溶剂的补充和溢流以及防止气体回吸。

为了安全，容器中的液面应自动控制和易于检查，对于毒性气体，必须有低液位报警。为了安全操作，应注意以下操作要点：

1. 在溶解度—吸收系数的影响中，易溶气体属于气膜控制，难溶气体属于液膜控制。因此，在操作中辨明组分在吸收剂中溶解的难易程度，确定提高气相或液相的流速及其湍动程度，对提高吸收速率具有重要意义。

2. 根据处理的物料性质来选择有较高吸收速率的塔设备，如果选用填料塔，在装填填料时应尽可能使填料分布均匀，否则液体通过时会出现沟流和壁流现象，使有效传质面积减少，填料塔的效率降低。

3. 控制溶剂的流量和组成。如果吸收剂是用来排除气流中的毒性气体，而不是向大气排放时，如用碱溶液洗涤氯气，用水排除氨气，液流的失控会造成严重事故。

4. 注意液流量的稳定，避免操作中出现波动；吸收剂用量过小，会使吸收速率降低，过大又会造成操作费用的浪费。

5. 掌握好气体的流速，若气速太小（低于载点气速），对传质不利；若气速太大，达到液泛气速，液体被气体大量带出，操作不稳定。

6. 经常检查出口气体的雾沫夹带情况，大量的雾沫夹带会造成吸收剂浪费，还会造成管路堵塞，应避免潮气转移至出口气流中，可应用严密筛网或填充床除雾器等。

7. 经常检查塔内的操作温度，低温有利于吸收，温度过高，必须移走热量或进行冷却，维持塔在低温下操作。

8. 填料塔使用一段时间后，应清洗填料，以避免填料被液体黏结和堵塞。

八、萃取与结晶操作的安全

1. 萃取

工业上对液体混合物的分离，除了采用蒸馏的方法外，还广泛采用液—液萃取。液—液萃取也称溶剂萃取，简称萃取。这种操作是指在欲分离的液体混合物中加入一种适宜的溶剂，使其形成两液相系统，利用液体混合物中各组分在两相中分配差异的性质，易溶组分较多地进入溶剂相，从而实现混合液的分离。主要设备有塔器、混合沉降槽、离心式萃取器等。

萃取过程常常有易燃的稀释剂或萃取剂的应用。除去溶剂储存和回收的适当设计外，还需要有效的界面控制。因为萃取包含相混合、相分离以及泵输送等操作，消除静电的措施变得极为重要。对于放射性化学物质的处理，可采用无须机械密封的脉冲塔。在需要最小持液量和非常有效的相分离的情形，则应该采用离心式萃取器。

萃取时萃取剂的选择是萃取操作的关键，不但影响萃取单元操作本身，而且其性质决定了萃取过程危险性的大小和特点，选择时应注意以下几点：

（1）萃取剂的选择性。萃取剂必须对原溶液中欲萃取出来的溶质有显著的溶解能力，而对其他应不溶或少溶。

（2）萃取剂的物理性质。如萃取剂的密度、界面张力、黏度等都对萃取操作有一定的影响。

（3）萃取剂的化学性质。萃取剂应具有良好的化学稳定性、热稳定性和抗氧化稳定性，不易分解、聚合，对设备腐蚀性要小。

（4）萃取剂要易于回收。

（5）萃取剂的安全性。如萃取剂的毒性、易燃性、易爆性等都是选择萃取剂时需要特别考虑的问题。

2. 结晶

结晶是固体物质以晶体状态从蒸气、溶液或熔融物中析出的过程。结晶是一个重要的化工单元操作，主要用于制备产品与中间产品、获得高纯度的纯净固体物料。

结晶过程常采用搅拌装置。搅动液体，使之发生某种方式的循环流动，从而使物料混合均匀或促使物理、化学过程加速操作。结晶过程的搅拌器要注意以下几个安全问题：

（1）当结晶设备内存在易燃液体蒸气和空气的爆炸性混合物时，要防止产生静电，避免火灾和爆炸事故的发生。

（2）避免搅拌轴的填料函漏油，因为填料函中的油漏入反应器会发生危险。例如，硝化反应时，反应器内有浓硝酸，如有润滑油漏入，则油在浓硝酸的作用下氧化发热，使反应物料温度升高，可能发生冲料和燃烧爆炸。当反应器内有强氧化剂存在时，也有类似危险。

（3）对于危险易燃物料不得中途停止搅拌。因为搅拌停止时，物料不能充分混匀，反应不良，且大量积聚；而当搅拌恢复时，则大量未反应的物料迅速混合，反应剧烈，往往造成冲料，有燃烧、爆炸危险。如因故障而导致搅拌停止时，应立即停止加料，迅速冷却；恢复搅拌时，必须待温度平稳、反应正常后方可续加料，恢复正常操作。

（4）搅拌器应定期维修，严防搅拌器断落造成物料混合不匀，最后突然反应而发生猛烈冲料，甚至爆炸起火，搅拌器应灵活，防止卡死，引起电动机温升过高而起火。搅拌器应有足够的机械强度，以防止因变形而与反应器器壁摩擦造成事故。

第四章　化工电气及静电安全技术

第一节　化工电气安全技术

一、电气事故的分类及原因

1. 电气事故分类

电气事故一般是指由电流、电磁场、雷电、静电和某些电路故障等直接或间接造成建筑设施、电气设备毁坏、人或动物的伤亡，以及引起火灾和爆炸等后果的事件。

电气事故可以按照不同的方式分类。按照灾害形式可以分为人身事故、设备事故、火灾、爆炸等，按照电路状况可以分为短路事故、断路事故、漏电事故等。考虑到事故是由局外能量作用与人体或系统内能量传递发生故障造成的，能量是造成事故的基本因素，可以采取按能量形式和来源进行分类的方法，电气事故可分为触电事故、静电事故、雷电事故、电磁辐射事故和电气系统故障五类。

(1) 触电事故。触电事故是由电流的能量造成的。触电是电流对人体的伤害。电流对人体的伤害可以分为电击和电伤。绝大部分触电伤亡事故都含有电击的成分。与电弧烧伤相比，电击致命的电流小得多，但电流作用时间较长，而且在人体表面一般不留下明显的痕迹。

(2) 静电事故。静电是指生产工艺过程中和工作人员操作过程中，由于某些材料的相对运动、接触与分离等原因而积累起来的相对静止的正电荷和负电荷。这些电荷周围的场中储存的能量不大，不会直接使人致命。但是，静电电压可能高达数万乃至数十万伏，可能在现场放电，产生静电火花。在火灾和爆炸危险场所，静电火花是一个十分危险的因素。

(3) 雷电事故。雷电是大气电，是由大自然的力量分离和积累的电荷，也是在局部范围内暂时失去平衡的正电荷和负电荷。雷电放电具有电流大、电压高等特点，其能量释放出来可能产生极大的破坏力。雷击除可能毁坏设施和设备外，还可能直接伤及人、畜，引起火灾和爆炸。

(4) 电磁辐射危害。电磁辐射危害是指电磁波形式的能量辐射造成的危害。

辐射电磁波指频率100 kHz以上的电磁波。人体在高频电磁场作用下吸收辐射能量，使人的中枢神经系统、心血管系统等会受到不同程度的伤害。电磁辐射危害除对人体有伤害外，还能造成感应放电和高频干扰。

(5) 电气系统故障。电气系统故障是由于电能在输送、分配、转换过程中失去控制而产生的。断线、短路、异常接地、漏电、误合闸、误掉闸、电气设备或电气元件损坏、电子设备受电磁干扰而发生误动作等都属于电气系统故障。

2. 电气事故的主要原因

(1) 能量失控形式。根据能量释放理论，事故是一种不正常的或不希望产生的能量释放，各种形式的能量构成伤害的直接原因。因此，电气事故一般都是由于各种类型的电流、电荷、电磁场的能量不适当释放或转移而造成，于是应该通过控制能量或控制能量载体来预防伤害事故。

1) 电气设备或线路过热。电气设备运行之中总是要发热的，合理设计、合理施工、正确运行的电气设备，在稳定运行时，发热与散热是平衡的，其最高温度和最高温升都不会超过某一允许范围。但当电气设备的运行出现异常时，发热量增加，温度升高，在一定条件下可能引起火灾、短路、过载、接触不良、铁芯发热、散热不良以及漏电等都可能引起电气设备过度发热，产生危险的温度。

2) 电火花与电弧。电火花可分为工作火花和事故火花，工作火花是指电气设备正常工作时或正常操作过程中产生的火花。事故火花是线路或设备发生故障时出现的火花，以及由外来原因产生的火花，如雷电火花、静电火花、高频感应火花等。

电火花是电极间的击穿放电，电弧是大量的火花汇集成的。一般电火花的温度很高，特别是电弧，温度高达3 000～6 000℃，因此，电火花和电弧不仅能引起可燃物燃烧，而且可能使金属熔化、飞溅，构成危险的火源。在有爆炸危险的场所，电火花和电弧是一个十分重要的危险因素。

3) 违章操作。在电气设备、线路、系统的设计、安装、调试与运行维护、检修中，不严格遵守相应的电气安全技术标准、规程，不采取电气安全技术措施与措施或措施不当，以及在对电气设备及系统的运行操作中，不遵守电气安全操作规程，导致电气设备或系统在运行、维护与检修中发生短路、过载、异常放电、设备误动作，引起电气事故。

(2) 事故责任原因。通过对化工类企业的电气事故统计分析，电气事故的责任原因主要有：

1) 误操作。操作人员违反规程操作或操作失误造成事故。

2) 设备维护不善。工作人员的过失或管理制度不严设备维修不善而引起事故。

3）设备制造不良或选择不当。由于电气设备选择不当或设备有先天缺陷而造成的事故，如选用的设备不能胜任所担负的负载或作用环境不符、产品质量不合格、选用已淘汰的产品或选择有先天缺陷的产品等。

4）外力破坏。外力对电气设备的破坏，有自然因素和人为因素两种，自然因素如雷击、静电释放、飓风、大雾等自然气候引起的事故，人为因素如汽车撞击电气设备、构筑物倒塌而破坏电气设备等。

二、安全供电措施

化工供电系统安全是化工企业安全、稳定、经济、长周期生产的先决条件。化工企业生产绝大部分属于一、二级用电负荷，供电系统在高温、高压、易燃易爆环境下运行，供电的事故，有时即使是简单的电气故障或参数波动，都可能给化工生产带来超过电气本身的损失数百倍以及更严重的后果。因此，为了实现安全供电，可采取相应的电气安全管理措施和技术措施。

1. 电气安全的管理措施

电气安全管理措施主要涉及以下几方面：

（1）化工企业必须建立合理电气安全管理体系。为保证化工企业的电气安全，全厂应设置一名电气副总工程师，负责企业全面电气管理工作，特别应对企业供电可靠性，电气设备作用安全和更新改造等一系列重大问题进行分析决策，并对全厂电气管理的归口部门进行电气安全工作进行督查和指导。

（2）建立健全电气管理和操作规章制度。应坚持化工企业长期推广的“三三、二五制”。即三图（操作系统模拟图、设备状况指示图、二次结线图），三票（运行操作票、检修工作票、临时用电票），三定（定期检修、定期清扫、定期试验），五规程（运行堆积、检修规程、试验规程、事故处理规程、安全工作规程），五记录（运行记录、检修记录、试验记录、事故记录、设备缺陷记录）。

（3）制定安全措施计划。企业应根据本部门具体情况制定安全措施计划，使电气安全工作有计划地进行，不断提高电气安全水平。

（4）安全检查。坚持日常的常规的电气安全检查，发现问题及时处理。特别是应该注意雨季前和雨季中的电气安全检查。检查内容包括检查电气设备的绝缘有无损坏，绝缘电阻是否合格，设备裸露部分是否有防护，保护接零或保护接地是否正确、可靠，保护装置是否合乎要求，手提行灯和局部明灯电压是否是安全电压或是否采取了其他安全措施，安全用具和电气灭火器材是否齐全，电气设备安装是否合格，安装位置是否合理，有静电产生的工艺过程是否采取了防静电措施，制度是否健全等内容。

(5) 教育和培训。安全教育和培训主要是为了使工作人员懂得电的基本知识，认识到安全用电的重要性，掌握安全用电的基本方法，从而使工作安全和有效。

对化工工人的用电安全教育，除对电的基本知识、车间常用电气的安全操作，以及触电事故的严重性进行教育外，还要做到用电安全“十不准”：

1) 任何人不准玩弄电气设备和开关。

2) 非电工不准拆装、修理电气设备和用具，发现破损的电线、开关、灯头及插座，应及时与电工联系修理。

3) 不准私拉乱接电气设备，更不准将电器电源线直接插入插座内。

4) 不准使用绝缘损坏的电气设备。

5) 不准私用电气设备和灯泡取暖。

6) 不准用水冲洗电气设备，也不要用湿手和金属物去扳带电的电气开关。

7) 熔丝熔断，不准调换容量不符的熔丝。

8) 不准擅自移动电气安全标志、围栏等安全设施。

9) 不准使用检修中机器的电气设备。

10) 不准在带电导线、带电设备附近使用火炉或喷灯，也不要靠近暖气设备或蒸汽管等。在带电设备周围不能使用钢卷尺、皮卷尺进行测量。

2. 电工安全教育的要求：

(1) 懂得电气设备的安装、使用、维护及检修过程中的安全要求，熟知电气安全的规章制度。

(2) 掌握电气灭火器的操作方法。

(3) 掌握触电事故后的急救处理方法。

(4) 操作电气设备时，应集中思想，防止操作失误而引起事故。

(5) 在工程安装和检修时，如需要临时用电装置，要办理临时用电申请手续，并经同意后才可使用。临时线路使用期限一般为三个月，装、拆一律由电工负责。

(6) 变配电室和车间配电室内严禁吸烟，不准堆放杂物，保持室内通道和室外道路的畅通。电气设备附近和配电箱内不能放置杂物。

(7) 组织事故分析。对已发生的电气事故，应组织有关人员对事故进行分析，找出发生事故的原因和防止事故再次发生的对策，从中吸取教训。

3. 电气安全的技术措施

化工企业电气安全技术措施应满足安全用电的技术要求，主要有以下几种：

(1) 绝缘。用绝缘材料防止触及带电体。

(2) 屏蔽。用屏障或围栏防止触及带电体。

(3) 障碍。设置障碍，防止无意触及或接近带电体。

(4) 间隔。保持间隔以防止无意触及带电体。

(5) 安全电压。根据场所特点，采用相应等级的安全电压。

(6) 自动断开电源。根据电网运行方式和安全需要，采用可靠的自动化元件和连接方式，使发生故障时能在规定的时间内自动断开电源。

(7) 电气隔离。采用隔离变压器，以实现电气隔离，防止带电导体裸露时造成电击。

三、电气防火与防爆

在火灾和爆炸事故中，所发生的电气火灾爆炸事故占有很大的比例。据统计，由于电气原因引起的火灾，仅次于明火所引起的火灾。发生电气火灾及爆炸事故，要具有两个必要条件：一是释放源，即可释放出爆炸性气体、粉尘及可燃物质的场所；二是由于电气原因产生的引燃源。因此，化工生产、储存和运输过程中，极易形成易燃易爆的环境，根据危险场所的等级，正确选择防爆电气设备的类型，保证其安全运行，对预防电气火灾、爆炸有着重要意义。

1. 电气火灾和爆炸原因

(1) 易燃易爆物质和环境。在生产和生活场所中，广泛存在易燃易爆挥发性物质，化工企业存在的天然气、煤气、各种化工原料、中间体、产品等物料以及泄漏在仓库、生产场所的挥发物质、粉尘等形成了爆炸性混合物。在生产场所乱堆放的杂物，木结构房屋明设的电气线路等，也都形成了易燃易爆环境。

电气设备本身除多油断路器、电力变压器、电力电容器、充油套管等充油设备可能爆裂外，一般不会出现爆炸事故。以下几种情况可能引起空间爆炸。

1) 周围空间有爆炸性混合物，在危险温度或电火花作用下引起空间爆炸。

2) 充油设备的绝缘油在电弧作用下分解和汽化，喷出大量油雾和可燃气体，引起空间爆炸。

3) 发电机氢冷却装置漏气、酸性蓄电池排出氢气等，形成爆炸性混合物，引起空间爆炸。

(2) 引燃源。在生产场所的动力、照明、控制、保护、测量等系统和生活场所中的各种电气设备和线路，在正常工作或事故中常常会产生危险的高温或电弧、火花而成为引燃源。

1) 危险温度。电气线路或电气设备过热将可能导致产生危险温度，成为引燃源。常见过热原因有短路、线路或设备长时间过载、接触不良、电气设备铁芯过热和散热不良等。

2）工作电火花。电火花温度很高，能量集中释放，不仅能引起绝缘物质的燃烧，甚至还可能使导体金属熔化、飞溅，是很危险的引燃源。常见的电火花有工作火花、电气设备事故火花、雷电火花、静电火花、电磁感应火花等。

另外，电动机转子和定子发生摩擦（扫膛）或风扇与其他部件相碰会产生火花；灯泡破碎时 2 000～3 000℃的灯丝以及外界热源等都可能引起火灾爆炸。

2. 电气防火防爆措施

防火防爆措施是综合性措施，主要有合理选用电气设备，保持必要的防火间距，电气设备正常运行并有良好的通风，采用耐火材料，有完善的继电保护装置等技术措施。

（1）合理选用电气设备。在易燃易爆场所必须选用防爆电器，防爆电器在运行过程中具备不引爆周围爆炸性混合物的性能。防爆电器有各种类型和等级，应根据场所的危险性和不同的易燃易爆介质正确选用合适的防爆电器。

防爆设备标志由四部分组成，以字母或数字表示。第一部分表示防爆类型标志，如 e 为增安型；第二部分表示适用的爆炸性混合物的类别，如Ⅰ表示混合物为矿井甲烷，适用设备为煤矿用防爆电气设备，Ⅱ表示混合物为爆炸性气体，适用设备为工厂用防爆电气设备；第三部分表示爆炸性混合物的级别；第四部分表示爆炸性混合物的组别。例如，dⅡBT3 表示隔爆型设备，用于有ⅡB、T1～T3 组的爆炸性混合物的场所；epⅡT4 表示增安型、有正压部件，用于有Ⅱ级、T1～T4 组爆炸性混合物的场所等。对火灾危险场所电气设备防护结构的选用、危险场所的电气线路、变（配）电所等其他电气装置的要求，可参阅 GB 50058—2008。

（2）保持防火间距。为防止电火花或危险温度引起火灾，开关、插销、熔断器、电热器具、电焊器具、电动机等均应根据需要，适当避开易燃易爆物。如在天车滑触线的下方，不应堆放易燃易爆物品。

变、配电站是工业企业的动力枢纽，电气设备较多，而且有些设备工作时产生火花和较高温度，其防火、防爆要求比较严格。室外变、配电装置距堆场、可燃液体储罐和甲、乙类厂房、库房不应小于 25 m，距其他建筑物不应小于 10 m，距液化石油气罐不应小于 35 m。变压器油量越大，防火间距也越大，必要时可加防火墙。

10 kV 及以下变、配电室不应设在火灾危险区的正上方或正下方，且变、配电室的门窗应向外开，通向非火灾危险区域。10 kV 及以下的架空线路，严禁跨越火灾和爆炸危险场所；当线路与火灾和爆炸危险场所接近时，其水平距离一般不应小于杆柱高度的 1.5 倍。在特殊情况下，采取有效措施后，允许适当减小距离。

（3）保持电气设备正常运行。保持电气设备正常运行主要指保持电器和线路的电压、电流、温度升高不超过允许值，保持足够的绝缘强度，保持连接或接触良好。另外，保持设备的清洁有利于防火。设备脏污或灰尘堆积可能降低设备的绝缘，特别是当有火花产生时，可能由于过分脏污而引起火灾。

（4）通风。在爆炸危险场所，如有良好的通风装置能降低爆炸性混合物的浓度，不致达到引起火灾和爆炸的限度。加强通风既可降低环境温度，也可降低可燃、易燃物质的浓度。对防爆正压型电气设备的通风系统应符合下列要求：

1）通风系统必须采用非燃烧性材料制作，结构应坚固，连接应紧密。

2）通风系统内不应有阻碍气流的死角。

3）电气设备应与通风系统联锁，运行前必须先通风，通过的气流量不小于该系统容积的 5 倍时才能接电气设备电源。

4）进入电气设备及其通风系统内的气体不应含有爆炸危险物质或其他有害物质。

5）在运行中，电气设备及通风系统内的正压不低于 196 Pa，当低于 98 Pa 时，应自动断开电气设备的主电源或发出信号。

6）通风过程排出的废气，一般不应排入爆炸危险场所。

7）电气设备外壳及其通风系统内的门或盖子上，应有警告装置或联锁装置，防止运行中错误打开。

（5）在土建方面的防火防爆措施。

1）采用耐火材料建筑，与危险场所毗邻的变、配电室的耐火等级不应低于二级，变压器室与多油开关室应为一级；隔墙应用防火绝缘材料制成，门用不易燃材料制作并向外开。

2）充油设备间应保持一定的防火间距，油量为 2 500 kg 以上的室外变压器，应保持不小于 10 m 的防火间距；露天油罐与主变压器间的防火间距，不应小于 15 m，不能满足时，其间应设防火墙；电容器室与生产建筑物分开布置时，防火间距不应小于 10 m，相邻布置时，隔墙应为防火墙。

3）电气建筑或设施应尽量远离危险场所，室外配电装置与爆炸危险场所的间距应在 30 m 以上。架空电力线路严禁跨越爆炸和火灾危险场所，两者间的水平距离不应小于杆塔高度的 1.5 倍。

（6）电气灭火及其注意事项。

1）先断电后灭火。停电时，应按规程所规定的程序进行操作，严防带负荷拉隔离开关。在火场内的开关和闸刀，由于烟熏火烤，其绝缘水平可能降低，因此，操作时应戴绝缘手套，穿绝缘靴，使用相应电压等级的绝缘工具。

切断带电导线时，切断点应选择在电源侧的支持物附近，以防导线断落后触及人体或短路。切断低压多股绞线时，应使用有绝缘手柄的工具分相剪断。非同相的相线、零线应分别在不同部位剪断，以防在钳口处发生短路。

需要电力部门切断电源时，应迅速联系，说明情况。切断电源后的电气火灾，多数情况可按一般性火灾扑救。

2）不切断电源灭火的安全措施。发生电气火灾时，一般应设法断电。如果情况十分危急或无断电条件，就只好带电灭火。为防止人身触电，带电灭火时应注意安全。

扑救人员及所使用的导电消防器材与带电部分应保持足够的安全距离。高压电气设备或线路发生火灾时，在室内，扑救人员不得进入距故障点 4 m 以内范围；在室外，扑救人员不得接近距故障点 8 m 以内范围。如进入上述范围，必须穿绝缘靴，需接触设备外壳或构架时应戴绝缘手套。对架空线路或空中电气设备进行灭火时，人体位置与带电体之间的仰角不应大于 45°，并应站在线路外侧，以防导线断落后触及人体。

3）电气灭火器材的选用。电气火灾有两个特点，一是着火电气设备可能性带电，二是有些电气设备充有大量的油，可能发生喷油或爆炸，造成火焰蔓延。

带电灭火不可使用普通直流水枪和泡沫灭火器，以防补救人员触电，应使用不导电的灭火剂，如二氧化碳、四氯化碳、1211、干粉灭火剂等。带电灭火一般只能在 10 kV 及以下的电器设备上进行。

电动机着火时，可用喷雾水灭火，使其均匀冷却，以防轴承和轴变形，也可用二氧化碳、七氟丙烷等灭火，但不宜用干粉、沙子、泥土灭火，以免损坏电动机。

变压器等电器发生喷油燃烧时，除切断电源外，有事故储油坑的应设法将油导入储油坑，坑内和地上的燃油可用泡沫扑灭。要防止燃油流入电缆沟并蔓延，电缆沟内的燃油只能用泡沫覆盖扑灭。

四、防止触电

1. 触电伤害

触电伤害是指电流对人体的伤害，一般分为电击和电伤两种。

（1）电击。电击是指电流通过人体内部，使肌肉非自主地发生痉挛收缩造成的伤害，严重时会破坏人的心脏、肺部以及神经系统的正常工作，甚至危及生命。特别是当人体遭受电击时，如果有电流通过心脏，可能直接作用于心肌，引起心室颤动；如果没有电流通过心脏，也可能经中枢神经系统反射作用于心肌，引起心室颤动。发生心室颤动时，以及每分钟颤动 1 000 次以上，而且没有规则，血液实际上中止循环，大脑和全身迅速缺氧，伤情将急剧变化。心脏发生心室颤动持续时间不长，如不能及时抢救，心脏将很快停止跳动，导致死亡。另外，电休克也是电击的常见现象，是指机体受到电流的强烈刺激，发生强烈的神经系统反射，使血液循环、呼吸及其他新陈代谢都发生障碍，以致神经系统受到抑制，出现血压急剧下降、脉搏减弱、呼吸衰竭、神志不清的现象。电休克状态可以延续十分钟到数天，其后果可能是得到有效的治疗而痊愈，也可能由于重要生命机能完全丧失而死亡。

电击分为直接电击和间接电击，直接电击是指人体直接触及正常运行的带电体所发生的电击；间接电击是指人体触及电气设备故障后意外带电部分所发生的电击。

（2）电伤。电伤是指电流的热效应、化学效应、机械效应给人体造成的伤害，往往在肌体表面留下伤痕，造成电伤的电流比较大。电伤分为电弧烧伤、电烙印、皮肤金属化和电光眼等。电弧烧伤又称电灼伤，最常见最严重，电流的热效应，症状是皮肤发红、起泡，组织破坏或烧焦；电烙印指载流导体较长时间接触人体时，因电流的化学效应和机械效应作用，接触部分的皮肤变硬并形成圆形或椭圆形的肿块痕迹；皮肤金属化是指由于电弧或电流作用产生的金属微粒渗入皮肤表层而使皮肤变得粗糙坚硬并呈特殊颜色；电光眼是发生弧光放电时，由于红外线、可见光、紫外光对眼睛造成的伤害，表现为角膜炎或结膜炎。

2. 触电形式

发生触电事故的情况多种多样，主要有单相触电、两相触电、跨步电压触电。

（1）单相触电。在人体与大地互不绝缘的情况下，人体触及一相带电体，使电流通过人体流入大地，形成一个闭合回路，这种情形称为单相触电。在中性点接地系统中的单相触电，电流是通过人体经接地装置流入中性点而形成通路的，人体承受的电压取决于人体电阻和变压器中性点接地电阻的大小，接近于相电压，如图 4—1 所示。

中性点不接地系统中的单相触电，如图 4—2 所示。电流是通过人体经线路对地电容而形成闭合回路的，人体承受的电压与人体电阻和线路对地电容等因素有关。一般情况下，电气设备对地有相当大的绝缘电阻，在这种系统中若发生单相触电，通过人体的电流很小，一般不致造成人体的伤害。但是，当电气设备、导线的绝缘损坏或绝缘老化，其对地绝缘电阻降低时，在这种系统中同样会发生电流通过人体流入地下的单相触电事故。

（2）两相触电。人体同时接触带电设备或带电线路的两相，以及在高压系统

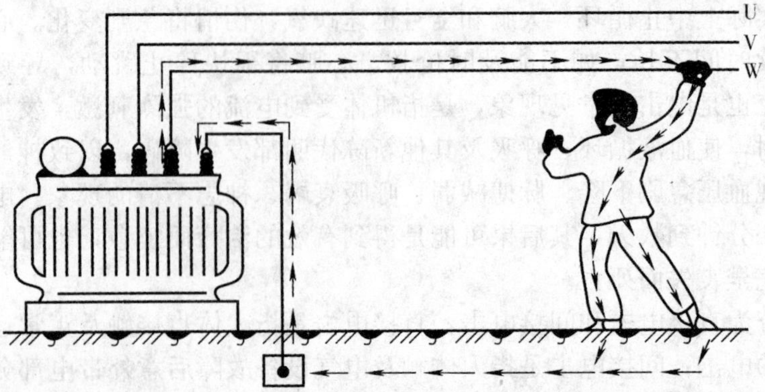

图 4—1　中性点接地系统的单相触电

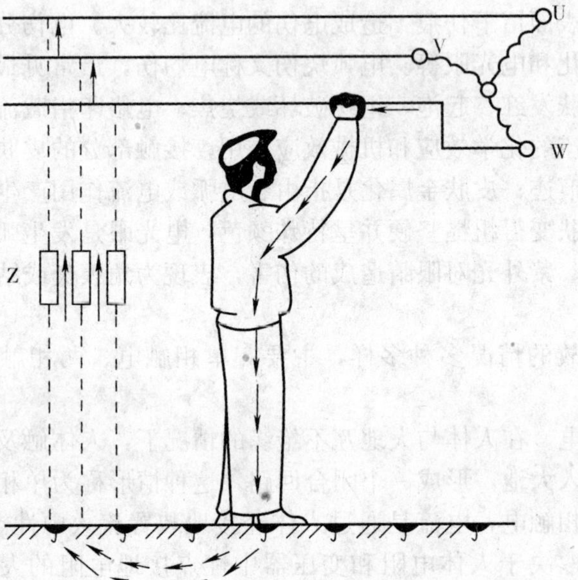

图 4—2　中性点不接地系统的单相触电

中，人体距高压带电体的距离小于规定的安全距离，造成电弧放电，电流从一相导体流入另一相导体，此时所发生的触电，叫两相触电，如图 4—3 所示。

两相触电时，虽然人体与地有良好的绝缘，但因人同时和两根相线接触，人体处于电源线电压下，在电压为 380/220 V 的供电系统中，人体受 380 V 电压的作用，通过人体的电流将达到 260～270 mA，这样大的电流通过人体，只要经过 0.1～0.2 s，就可致人死亡。因此，两相触电比单相触电的危险性要大得多。

图 4—3　两相触电示意图

（3）跨步电压触电。当电气设备发生接地故障，接地电流通过接地体向大地流散，在地面上形成电位分布时，若人在接地短路点周围行走，其两脚之间的电位差，就是跨步电压。由于跨步电压的作用，电流从人的一只脚经下身，通过另一只脚流入大地形成回路，引起人体触电，这种触电方式称为跨步电压触电，如图 4—4 所示。

当一根带电导线断落在地上或运行中的电气设备因绝缘损坏而漏电时，电流就会通过导线落地点或设备接地体向大地流散，以落地点或接地体为圆心，半径为 20 m 的圆面内形成分布电位。跨步电压触电时，触电者先感到两脚麻木，然后发生抽筋以致跌倒，跌倒后由于手、脚之间的距离加大，电压增加，心脏串接在电路中，只要电流通过内脏的时间达到 2 s，就有生命危险。

3. 触电的原因

从造成事故的原因分析，由于电气设备或电气线路安装不符合要求，会直接造成触电事故；由于电气设备运行管理不当，使绝缘损坏而漏电，又没有切实有效的安全措施，也会造成触电事故；用电制度不完善或违章作业，特别是非电工擅自处理电气事务，很容易造成电气事故；接线错误，特别是插头、插座接线错误造成触电事故；高压线断落地面可能造成跨步电压触电事故等。具体体现在以下几个方面：

（1）缺乏电气安全知识，例如带电拉高压隔离开关、用手触摸破的胶盖刀闸等；

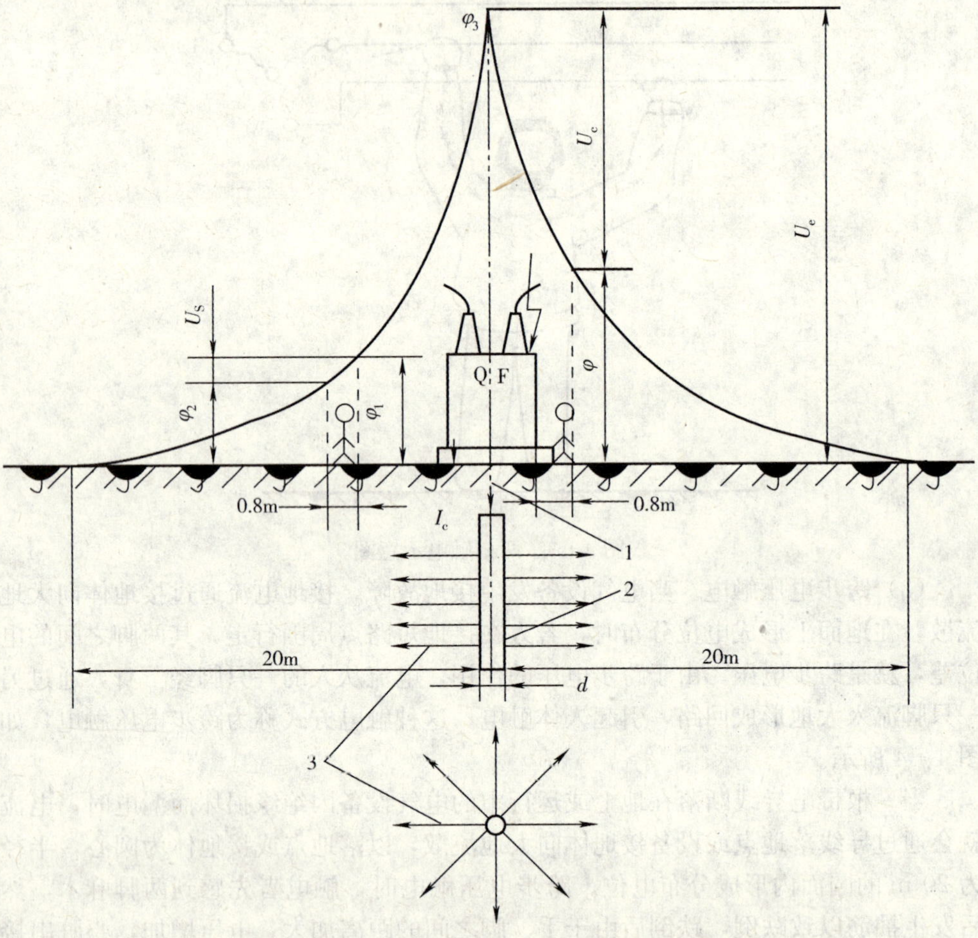

图 4—4　接地电流分布曲线及接触电压、跨步电压

（2）违反操作规程，例如在高低压共杆架设的线路电杆上检修低压线、剪修高压线附近树木而接触高压线；在高压线附近施工或运输大型货物，施工工具和货物碰击高压线；带电接临时明线或临时电源，火线误接在电动工具外壳上，用湿手拧灯泡，带式照明灯使用的电压不符合安全电压等。

（3）使用不合格电气设备，例如，闸刀开关或磁力启动器缺少护壳而触电，电气设备漏电，电炉的热元件没有隐蔽，电气设备外壳没有接地而带电，配电盘设计和制造上的缺陷；配电盘前后带电部分易于触及人体，电线或电缆因绝缘磨损或腐蚀而损坏，在带电情况下拆装电缆等。

（4）维修、管理不善，例如，大风刮断的低压线路未能及时修理，胶盖开关破损长期不修，瓷瓶破裂后火线与拉线长期相碰等。

（5）偶然因素，如人无意触及大风刮断的电线。

以上触电原因分析中可知，除了偶然因素外，其他因素都是可以避免的。

4. 触电救护

触电救护可坚持“八字原则”，即迅速（脱离电源）、就地（进行抢救）、准确（姿势）、坚持（抢救）。发现有人触电后，首先要尽快使其脱离电源；其次，要立即进行抢救，人触电后会出现神经麻痹、呼吸中断、心脏停止跳动等症状，外表呈现昏迷不醒状态，即“假死状态”，有触电者经过 4 h 甚至更长时间的连续抢救而获得成功的先例。据统计，从触电后 1 min 开始救治的约 90%有良好效果，从触电后 6 min 开始救治的约 10%的有良好效果，从触电后 12 min 开始救治的则救活的可能很小，所以及时坚持救护是非常重要的。

（1）脱离电源。对低压电气设备上触电时，可以采用下列方法使触电者脱离电源。

1）出事附近有电源开关和电源插头时，可立即将闸门打开，将插头拔掉，以切断电源。

2）当有电的电线触及人体引起触电时，不能采用其他方法脱离电源时，可用绝缘的物体（如木棒、竹竿、手套等）将电线移掉，使病人脱离电源。

3）必要时可用绝缘工具（如带有绝缘柄的电工钳、木柄斧头及锄头等）切断电源。

对高压电气设备上触电时，可以采用下列方法使触电者脱离电源。

1）立即通知有关部门停电。

2）戴上绝缘手套，穿上绝缘靴，用相应电压等级的绝缘工具拉开开关。

3）抛掷金属线短路接地，迫使保护装置断开电源。抛掷裸金属线前，先将金属线的一端可靠接地，然后抛掷另一端，注意抛掷的一端不可触及触电者和其他人。

在救护过程中应注意以下两点：一是脱离电源后，人体的肌肉不再受到电流的刺激，会立即放松，触电者会自行摔倒，容易造成新的伤害，特别是高空时更危险，所以脱离电源需有相应措施配合，避免此类情况发生；二是解脱电源时要注意安全，不要新增触电者。

（2）现场急救。现场触电者除出现明显的死亡症状外，一般均按以下三种情况进行对症处理：

1）伤势不重、神志清醒但有点心慌、四肢发麻、全身无力，或触电过程中曾一度昏迷，但已清醒过来。此时应让触电者安静休息，并严密观察，也可请医生前来诊治，必要时可送医院。

2）伤势较重、已失去知觉，但心脏跳动和呼吸存在，应使触电者舒适、安静地平卧。不要围观，让空气流通，同时解开其衣服包括领口与裤带，以利于呼吸。

3）若是伤势严重、呼吸或心跳停止，甚至都已停止，即处于“假死状态”，则应立即施行口对口人工呼吸及胸外心脏按压进行抢救，同时速请医生或送往医院。

（3）心肺复苏法。

1）判断意识，畅通呼吸道：

①判断触电者有没有意识。方法：轻轻摇动触电者的肩部，高呼其名字或者“喂，怎么啦”，若无反应，立即用手指掐人中和合谷两个穴位。

②呼救。招呼周围的人前来协助抢救，并拨打 120。

③将患者置于仰卧位，揭开触电者上衣，暴露胸部或者仅留下内衣。

④畅通呼吸道。举头抬颏法：一手置于前额使头部后仰，另一手的食指和中指置于下颌骨近下颏处，抬起下颏。

⑤判断呼吸。在气道畅通的前提下判断触电者有无呼吸，可通过看、听和感觉来判断呼吸，如果病人的胸廓没有起伏，将耳朵伏在病人鼻孔前，既听不到呼吸声也感觉不到气体流出，可判断呼吸停止，应立即进行口对口或口对鼻人工呼吸。

2）判断呼吸和人工呼吸。

口对口人工呼吸如图 4—5 所示。其要点如下：

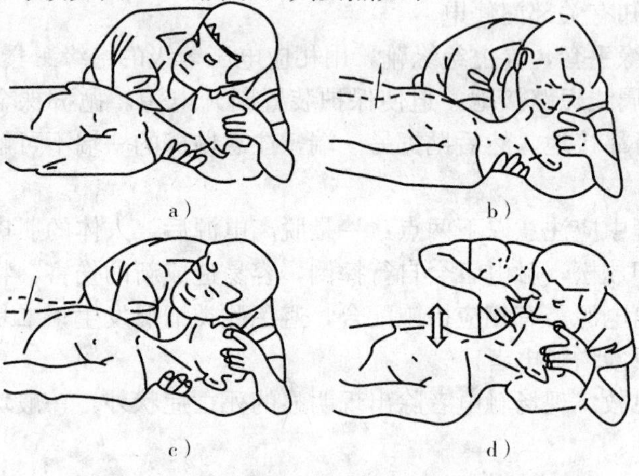

a） b） c） d）

图 4—5　口对口人工呼吸法

a）头后仰，捏紧鼻孔　b）口对口吹气　c）放开鼻孔，观察病人呼吸　d）捏紧鼻孔，再次吹气

①保持病人头后仰、呼吸道畅通和口部张开。

②抢救者跪伏在病人的一侧，用一只手的掌根部轻按病人前额，同时用拇指和食指捏闭病人的鼻孔（捏紧鼻翼下端）。

③抢救者深吸一口气后，张开口紧紧包绕病人的口部，使口鼻均不漏气。

④用力快速向病人口内吹气，使病人胸部上抬。

⑤一次吹气量约为 500～600 mL。

⑥一次吹气完毕后，口应立即与病人口部脱离，同时捏鼻翼的手松开，掌根部仍按压病人前额部，以便病人呼气时可同时从口和鼻孔出气，确保呼吸道畅通。抢救者轻轻抬起头，眼视病人胸部，此时病人胸廓应向下塌陷。抢救者再吸入新鲜空气，作下一次吹气准备。

注意点：

①吹气时要感觉气道阻力，如果阻力较大并且胸部吹气时不上抬，要考虑气道是否被堵塞，再加大吹气量有可能使异物落入深部，此时要及时清除呼吸道异物。

②吹气量不易过大，过大容易造成胃扩张及胃反流，甚至“误吸”。

③如同时有心脏按压，吹气时暂停胸部按压。

3）胸外心脏按压。胸外心脏按压是指用人工的方法使血液在血管内流动，使人工呼吸后含氧的血液从肺部血管流向心脏，再注入动脉，供给全身重要脏器来维持其功能，尤其是脑功能。在进行人工循环之前必须确定病人有无心跳。

①操作的禁忌证。凡有胸壁开放性损伤、胸廓畸形、肋骨骨折或心包填塞等均应列为胸外心脏按压的禁忌证，触电者出现以上情况不能进行胸外心脏按压。

②判断有无心跳。成人通常采用触摸颈动脉的方法来判断，因为颈动脉是大动脉，又靠近心脏，最易反映心脏搏动情况，而且便于触摸，易掌握，如图 4—6 所示。具体操作方法如下：

a. 在畅通呼吸道的情况下进行。

b. 一手置于病人前额，使头部保持后仰，另一手触摸病人靠近抢救者一侧的颈动脉；

c. 用食指及中指指尖先触到喉部，男性可先触及喉结，然后向外滑移 2～3 cm，在气管旁软组织深部轻轻触摸颈动脉。

d. 检查时间一般不超过 5～10 s，以免延误抢救。

注意点：

a. 触摸颈动脉不能用力过大，以免压迫颈动脉影响头部供血（如有心跳者等）、或将颈动脉推开影响感知、或压迫气道影响通气，故要轻轻触摸。

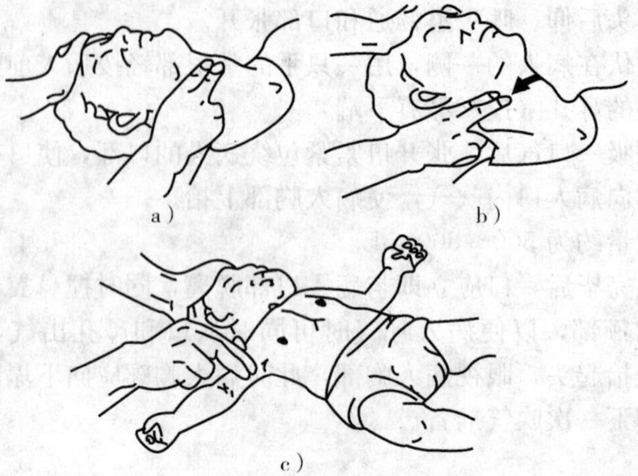

图 4—6 判断有无脉搏

a）中指、食指置于颈前甲状软骨外侧 b）手指向颈动脉沟滑动

c）婴幼儿触摸腋部肱动脉

b. 不要同时触摸双侧颈动脉，以免造成头部血流中断。

c. 避免两种错误：一是病人本来有脉搏，因判断位置不准确或感知有误，结果判断病人无脉搏；二是病人本来无脉搏，而检查者将自己手指的脉搏误认为病人的脉搏。

d. 判断颈动脉搏动要综合判断，结合意识、呼吸、瞳孔、面色等。如无意识、面色苍白，再加上触摸不到颈动脉搏动，即可判定心跳停止。

e. 婴幼儿颈部较短加上肥胖，不易触及颈动脉。方法是将上臂外展，拇指置于上臂外侧，食指和中指置于上臂内侧中部。

③心脏胸外按压的步骤和技术

a. 按压手势。按压在胸骨上的手不动，将定位的手抬起，用掌根重叠放在另一手的掌背上，手指交叉扣，抓住下面的手掌，下面手的手指伸直，只用掌根紧压在胸骨上，如图 4—7 所示。

b. 确定按压部位（定位）。病人处于仰卧位，双手置于身体两侧，抢救者位于病人一侧。用食指和中指并拢，沿病人肋弓下缘上滑至两侧肋弓交叉处的切迹。以切迹为标志，然后将食指和中指横放在胸骨下切迹的上方，另一手的掌根紧贴食指上方，按压在胸骨上，如图 4—8 所示。

c. 按压姿势：抢救者双臂伸直关节固定不能弯曲，肘、双肩部位于病人胸部正上方，垂直下压胸骨，如图 4—9 所示。按压时肘部弯曲或两手掌交叉放置均是错误的，如图 4—10 所示。

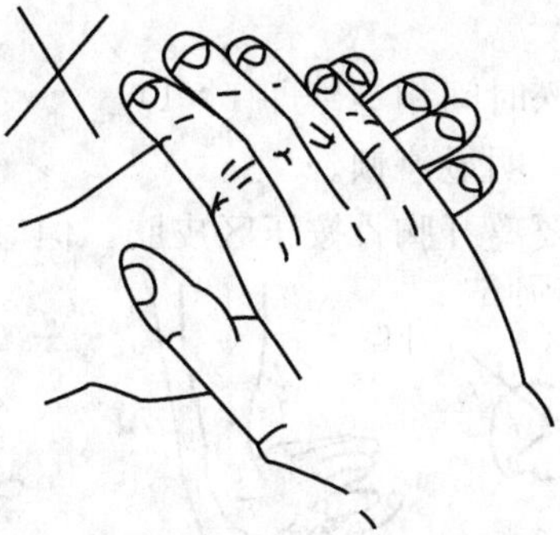

图 4—7　两手掌交叉放置

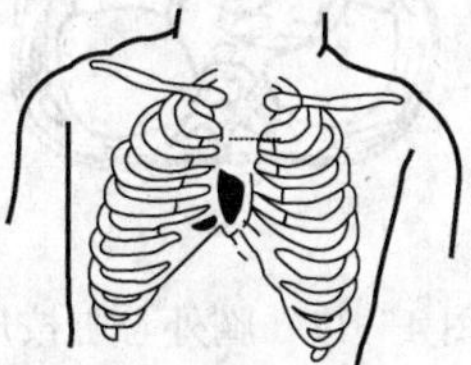

a）

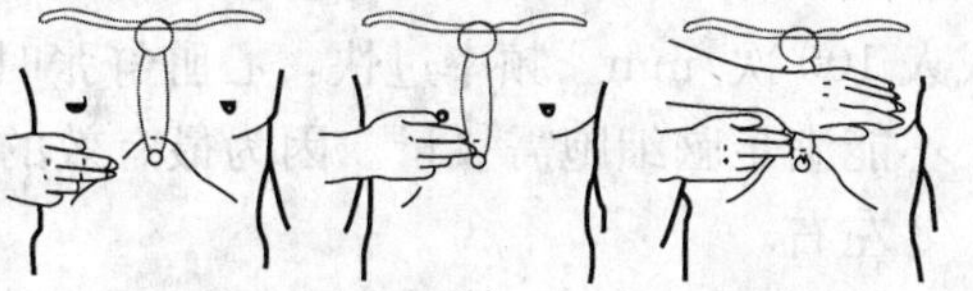

b）

图 4—8　胸外心脏按压时手的位置

a）心脏按压部位在胸骨下 1/3 处　b）心脏按压时手位的确定

图 4—9　抢救者双臂绷直

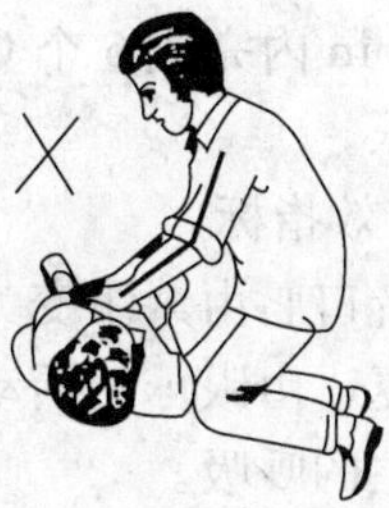

图 4—10　肘部弯曲

d. 按压用力及方式：按压应平稳有规律地进行。

胸外心脏按压如图 4—11 所示。按压时应注意以下几点：

◆成人应使胸骨下陷 4～5 cm，用力太大易造成肋骨骨折，用力太小达不到有效作用。

◆垂直下压，不能左右摇摆。

◆不能冲击式猛压。

◆下压时间与向上放松时间相等（即 1∶1）。

◆下压至最低点应有一明显停顿。

◆放松时手掌根部不要离开胸骨按压区皮肤，但应尽量放松。

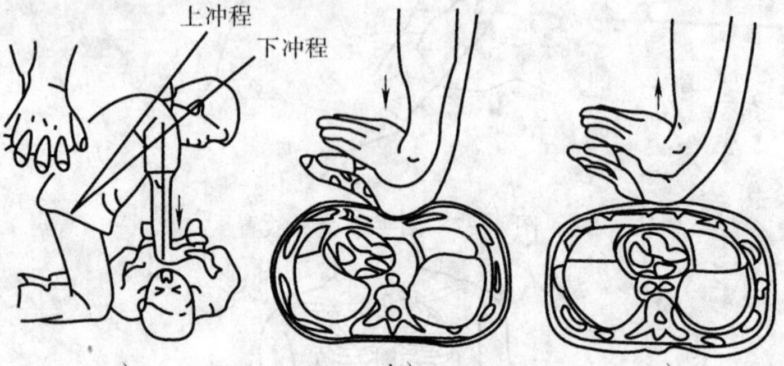

图 4—11　胸外心脏按压

a）抢救者体位及手掌根压胸方式　b）下压（手指翘起，不应压在胸壁上）　c）放松

◆按压频率：成人 100 次/min。频率过快，心脏舒张时间过短，得不到较好的充盈；频率过慢，不能满足脑细胞需氧量。因为最有效的心脏按压也只有心脏自主搏动搏血量的 1/3 左右。

e. 胸外心脏按压次数与人工呼吸次数之比为 30∶2。

4）CPR 成功的关键点。

①复苏开始的越早越好。

②要在 4 min 内完成 5 个 CPR 周期。一个 CPR 周期包括 2 次人工呼吸和 30 次胸外心脏按压。

5）CPR 有效指标

①面色或者口唇由紫绀变为红润。

②神志恢复，由眼球的活动或者手脚开始活动。

③出现自主的呼吸。

④瞳孔由大变小。

6）现场抢救人员停止 CPR 的条件

①威胁人员安全的危险迫在眉睫。

②呼吸和循环已得到恢复。

③已由医师接受开始急救。

④医师判断触电者死亡。

5. 触电防护

触电事故的发生是由直接触电和间接触电两种原因造成的。这两种事故是在电路或电气设备不同状态下发生的，因此，其在防护方面也各不相同。

直接触电的防护措施主要有采用安全电压、绝缘、屏护与间距、电工安全用具。

（1）安全电压。

1）安全电压的定义。安全电压是指为了防止触电事故而由特定电源供电时所采用的电压系列。这个电压系列的上限，在任何情况下（即两导体之间或任一导体与地之间的电压）都不超过交流有效值 50 V。

我国规定安全电压额定值的等级为 42 V、36 V、24 V、12 V、6 V。当电气设备采用电压超过安全电压时，必须按规定采取防止直接接触带电体的保护措施。

2）安全电压的确定。安全电压决定于人体允许的电流和人体电阻。

①人体允许电流。人体允许电流是指人体在遭受电击后可能延续的时间内不危及生命的电流。一般情况下可以把摆脱电流看做是允许电流。在摆脱电流范围内人触电后能自主摆脱带电体、解除触电危险。在线路上装有防止触电的速断保护装置的场合，按心室颤动的电流考虑。在空中、水面等可能因电击造成二次事故的场合，人体允许电流应按不引起强烈反应的电流考虑。

②人体电阻。主要由体内电阻和皮肤电阻组成。体内电阻不受外界因素的影响，约为 500 Ω。皮肤电阻随条件的不同可在很大范围内变化，使得人体电阻也在很大范围内变化。在一般情况下，人体电阻可按 1 000～2 000 Ω 考虑。

③接触电压和跨步电压。不论是接触电压还是跨步电压，当其数值达到危险程度时同样会造成触电事故。一般在危险场所，人体的接触电压应小于 10 V，而跨步电压不超过 20 V。

（2）绝缘。绝缘是指用绝缘材料把带电体封闭起来，借以隔离带电体或不同电位的导体，使电流能按一定的通路流通。良好的绝缘是保证设备和线路正常运行的必要条件，也是防止触电事故的重要措施。绝缘材料往往还起着其他作用：散热冷却、机械支撑和固定、储能、灭弧、防潮、防霉以及保护导体等。

1）绝缘材料的分类和特性。绝缘材料又称电介质，它在直流电压的作用下，只有极小的电流通过，其电阻率大于 10^7 Ω·cm。绝缘材料分为气体、液体和固体三大类。常用的气体绝缘材料有空气、氮、氢、二氧化碳和六氟化硫等气体，常用的液体绝缘材料有矿物油（如变压器油、开关油、电容器油和电缆油等）、硅油和蓖麻油等，常用的固体绝缘材料有绝纤维制品（如纸、纸板等）、绝缘浸渍纤维制品（如漆布、漆管和扎带等）、绝缘漆、胶和熔敷粉末、绝缘云母制品、电工用薄膜、复合制品和胶带以及电工用塑料和橡胶等。

电气设备的绝缘应符合其相应的电压等级、环境条件和使用条件。应能长时间耐受电气、机械、化学、热力以及生物等有害因素的作用而不会失效。

电工产品的质量和使用寿命，在很大程度上取决于绝缘材料的电、热、机械和理化性质，绝缘材料在外电场的作用下会发生极化、损耗和击穿等过程，在长期使用条件下还会老化。

2）绝缘的破坏。

①击穿绝缘物在强电场等因素作用下，完全失去绝缘性能的现象称为绝缘的击穿。击穿分为气体电介质击穿、液体电介质击穿和固体电介质击穿3种。

a. 气体电介质击穿。可采用高真空和高气压的方法来提高气体的击穿强度。气体中含有杂质（如导电性蒸气、导电性杂质等），可使击穿电压降低。气体击穿后，当外部施加电压去除，则气体绝缘性能很快恢复。气体击穿后在间隙中形成电流通路，电流剧增，如日常生活中的电弧、闪电、日光灯、霓虹灯等，形成气体导电。

b. 液体电介质击穿。一般认为纯净液体的击穿和气体的击穿机理相似，是由电子碰撞电离最后导致击穿，但液体的密度大，电子自由行程短，积聚能量小，因此击穿强度比气体高。液体电介质的击穿和它的纯净度有关。为保证绝缘质量，液体电介质使用前须经过纯化、脱水、脱气处理。液体击穿后，当外加电压去除，液体绝缘性能在一定程度上可以得到恢复。

c. 固体电介质击穿。固体电介质的击穿有电击穿、热击穿及电化学击穿等形式。

电击穿的特点是电压作用时间短，击穿电压高；击穿场强与电场均匀程度有密切关系，与周围温度及电压作用时间几乎无关。热击穿的特点是与电击穿相比电压作用时间长，击穿电压较低，绝缘温升高。击穿电压随着周围温度的上升而下降，但与电场均匀程度关系不大。电化学击穿是由于游离、发热和化学反应等因素的综合作用而导致的击穿。电化学击穿是在电压长期作用下形成的，其击穿电压往往很低，它与绝缘材料本身的耐游离性能、制造工艺、工作条件等有密切关系。

击穿有积累效应，即一次冲击电压作用只产生局部损伤或不完全击穿，多次冲击电压作用则导致完全击穿。固体电介质击穿后不能恢复，将失去其绝缘性能。

②绝缘老化设备的绝缘材料在运行过程中，由于各种因素的长期作用，会发

生一系列的化学物理变化，从而导致其电气性能和机械性能的逐渐劣化，这一现象称为绝缘老化。

一般低压电气设备中，绝缘老化主要是热老化。每一种绝缘材料都有一个极限的耐热温度，当设备运行时超过这一极限温度时，绝缘材料老化就会加剧，电气设备使用寿命就会缩短。在高压电气设备中，绝缘老化主要是电老化。它是由绝缘材料的局部放电所引起的。

（3）屏护和间距。

1）屏护。屏护就是使用屏障、遮栏、护罩、箱盒等将带电体与外界隔离。配电线路和电气设备的带电部分如果不便于包以绝缘或者单靠绝缘不足以保证安全的场合，可采用屏护保护。此外，对于高压电气设备，无论是否有绝缘，均应采取屏护或其他防止接近的措施。

屏护装置有永久性的（如配电装置的遮栏和开关的罩盖等）、临时性的（如检修中临时装设的栅栏等）、固定的（如母线的护网）及移动性的（如跟随天车移动的天车滑线屏护装置）。

由于屏护装置不直接与带电体接触，因此对制作屏护装置所用材料的导电性没有严格的规定。但是，各种屏护装置都必须有足够的机械强度和良好的耐火性能。此外，还应满足以下要求：

①用金属材料制成的屏护装置，为了防止屏护装置意外带电造成触电事故，必须将屏护装置接地或接零。

②屏如装置一般不宜随便打开、拆卸或挪移，有时其上还应装有连锁装置（只有断开电源才能打开）。

③屏护装置还应与以下安全措施配合使用。屏护装置应有足够的尺寸，并与带电体之间保持必要的距离。被屏护的带电部分应有明显的标志，标明规定的符号或涂上规定的颜色。

遮栏、栅栏等屏护装置上根据被屏护对象挂上“止步、高压危险!”“禁止高攀，高压危险!”“当心触电!”等警告牌；配合屏护采用信号装置和连锁装置。前者一般用灯光或仪表指示有电，后者采用专门装置，当人体越过装置可能接近带电体时，所屏护的装置自动断电。

2）间距（电气安全距离）。为防止人体触及或过分接近带电体，或防止车辆和其他物体碰撞带电体，以及避免发生各种短路、火灾和爆炸事故，在人体与带电体之间、带电体与地面之间、带电体与带电体之间、带电体与其他物体和设施之间，都必须保持一定的距离，这种距离称为电气安全距离，简称间距。间距的大小取决于电压高低、设备类型及安装方式等因素。

间距大致可分为各种线路的间距、变配电设备的间距、各种用电设备的间距、检维修时的间距 4 种。其中，各种线路、变配电设备及各种用电设备的间距，在电力设计规范及相关资料中均有明确而详细的规定。下面仅就检修时的间距简述如下。

为了防止人体接近带电体，必须保持足够的检修间距。

在低压操作中，人体或其所携带工具等与带电体的距离不应小于 0.1 m；在高压无遮栏操作中，人体或其所携带工具与带电体之间的最小距离不应小于下列数值：10 kV 及以下为 0.7 m，20～35 kV 为 1 m。

当不足上述距离时，应装设临时遮栏，并应符合相关要求。用绝缘杆操作时，上述距离可减为：10 kV 及以下为 0.4 m，35 kV 为 0.6 m。

在线路上工作时，人体或其携带工具等与临近带电线路的最小距离不应小于下列数值：10 kV 及以下为 1.0 m，35 kV 为 2.5 m。

不足上述距离时，临近的线路应当停电。

用水冲洗时，小型喷嘴与带电体之间的最小距离不应小于下列数值：10 kV 及以下为 0.4 m，35 kV 为 0.6 m。

工作中使用喷灯或气焊时，火焰不得喷向带电体。火焰与带电体的最小距离不得小于下列数值：10 kV 及以下为 1.5 m，35 kV 为 3 m。

在架空线路附近进行起重工作时，起重机具（包括被吊物）与线路导线之间的最小距离可参考表 4—1 所列数值。

表 4—1　　起重机具与线路导线的最小距离

电压/kV	1 以下	10	35
距离/m	1.5	2	4

（4）电工安全用具。

电工安全用具是防止触电、坠落、灼伤等工伤事故，保障工作人员安全的各种电工安全用具。它主要包括绝缘安全用具、携带式电压和电流指示器、登高安全用具、临时接地线、遮栏和标志牌等。

1）绝缘安全用具。绝缘安全用具按电压等级可分为 1 000 V 以上和 1 000 V 以下两类，按用途则可分为基本安全用具和辅助安全用具。

①安全用具凡可以直接接触带电部分，能够长时间可靠地承受设备工作电压的用具，称为基本安全用具。基本安全用具主要有绝缘棒、绝缘钳、电压指示器等。

②辅助安全用具是用来进一步加强基本安全用具的可靠性和防止接触电压及跨步电压的危险的用具。绝缘手套、绝缘靴、绝缘垫和绝缘站台，均为使人与地面及带电部分相绝缘的辅助安全用具。

2）携带式电压和电流指示器。

①携带式电压指示器（验电器）。携带式电压指示器是用来检查设备是否带电的用具。当电力设备在断开电源后要进行清扫检修时，在操作之前，一定要用验电器检验设备是否确实无电。验电器分高压和低压验电器两种。

低压验电器俗称试电笔，用来检查低压设备上是否带电。使用高压验电器（1 000 V以上）应注意：a. 只能适当地靠近带电部分，到灯亮为止，不要直接接触带电部分；b. 在室内使用验电器时，应戴绝缘手套，在室外还要穿绝缘鞋。此外还应注意，在使用验电器之前，先要在确实带电的设备上检验验电器是否完好。

②携带式电流指示器。携带式电流指示器通常叫做钳形电流表，可用来测量交流电路中的电流。使用钳形电流表时，应保持人体与带电体之间的足够距离。测量裸导线上的电流时，要特别注意防止由于测量引起的相间短路或接地短路。

3）临时接地线。临时接地线一般装设在被检修区段两端的电源线路上。装设临时接地线的原因如下：

①防止突然来电。

②消除邻近高压线路所产生的感应电。

③用来放泄线路或设备上可能残存的静电。装设临时接地线时，应先接接地端，后接线路设备端，拆下时顺序则相反。

间接接触触电是指正常情况下电气设备不带电的外露金属部分，如金属外壳、金属护罩和金属构架等，在发生漏电、碰壳等金属性短路故障时就会出现危险电压，此时人体触及这些外露的金属部分所造成的触电。防止间接接触触电的保护措施主要有保护接地、保护接零、工作接地和重复接地、典型化工设备接地几项。

（1）保护接地。保护接地，就是将电气设备在故障情况下可能出现危险电压的金属部分（如外壳等）用导线与大地做电气连接。

1）接地的基本概念。

①接地的分类。接地分为正常接地和非正常的故障接地两类。正常接地可分为工作接地和安全接地。安全接地包括防止触电的保护接地、防静电接地、防雷接地和屏蔽接地等。工作接地有以下两种情况：

a. 用大地作导线的接地，在正常情况下有电流通过，分为直流工作接地和弱电工作接地等。

b. 维持系统安全运行的接地，在正常情况下没有电流或只有很小的不平衡电流流过，例如 110 kV 以上高压系统的工作接地、三相四线制 380 V 系统变压器中性点的工作接地等。

②接地电流和接地短路电流。凡从带电体流入地下的电流即属接地电流，接地电流分为正常接地电流和故障接地电流两类。系统的一相接地可能导致系统发生短路，这时的接地电流称为接地短路电流。在高压系统中，接地短路电流在 500 A 以下的称为小接地短路电流系统；在 500 A 以上的称为大接地短路电流系统。

③流散电阻和接地电阻。流散电阻是指电流自接地体向周围大地流散所遇到的全部电阻。接地体的流散电阻与接地线的电阻之和叫做接地电阻。接地线的电阻一般很小，可以忽略不计，因此可以认为流散电阻就是接地电阻。

④对地电压。对地电压是带电体与大地之间的电位差。电工理论上所说的大地是指远离接地体 20 m 以外的电位，此电位认为是零电位。显然，对地电压就等于接地电流与接地电阻的乘积。当电流沿接地体流入大地时，接地体周围各点对地电压与该点至接地体的距离保持反比关系。随着距离的增大，对地电压逐渐降低，并趋于零。

⑤接触电压。当接地电流流过接地装置时，在大地表面形成分布电位，如果在地面上离设备水平距离为 0.8 m 的地方与沿设备外壳垂直向上距离为 1.8 m 处的两点被人触及，则人将承受一个电压，这个电压被称为接触电压（当设备外壳发生接地短路时，造成对地电压曲线，如果有人接触到漏电设备即他的手与脚之间的电压）。

2）保护接地的原理和应用范围。

①保护接地的原理。保护接地属于防止间接接触触电的安全技术措施。做法是把在故障情况下可能呈现危险的对地电压的金属部分同大地紧密地连接起来，把设备上的故障电压限制在安全范围内的措施。保护接地的原理如图 4—12 所示。

在中性点不接地的系统中，如果电气设备没有保护接地，当设备某一部分的绝缘损坏时，人体触及此绝缘损坏的设备外壳时，将有触电的危险。对电气设备实行保护接地后，接地短路电流将同时沿接地体和人体两条通路流通。接地体的接地电阻一般为 4 Ω 以下，而人体电阻约为 1 000 Ω，因此通过接地体的分流作用，流经人体的电流几乎为零，这样就避免了触电的危险。

②保护接地的应用范围。在中性点不接地的系统中，凡是在正常情况下不带电，而当绝缘损坏、机壳短路或发生其他故障时，有可能带电的电气设备金属部

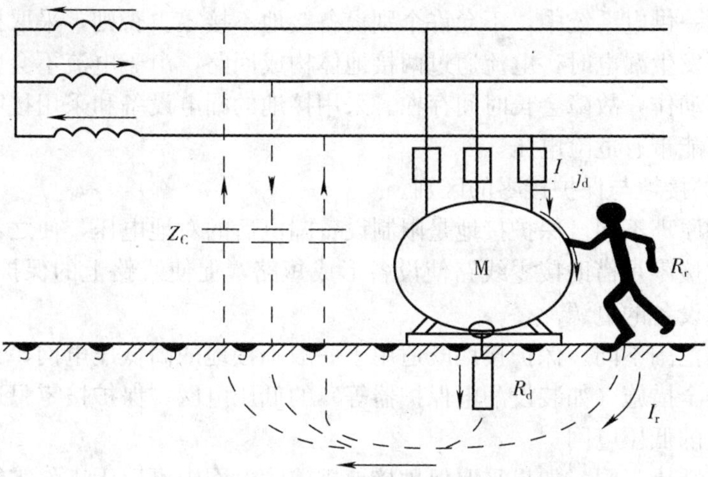

图 4—12　保护接地的原理

分及其附件都应实行接地保护，如电机、变压器断路器和其他电气设备的金属外壳或底座，配电、控制保护用的盘（屏、台、箱）的框架，变、配电装置的金属框架，如栏、门等。

（2）保护接零。保护接零是指将电气设备在正常情况下不带电的金属部分（外壳）用导线与低压电网的零线（中性线）连接起来。

1）保护接零的原理。保护接零一般与熔断器、自动开关等保护装置配合，当发生机壳短路时，短路电流就由相线流经外壳到零线（中性线），再回到中性点。由于故障回路的电阻、电抗都很小，所以有足够大的故障电流使线路上的保护装置（如熔断器等）迅速动作，从而将故障的设备断开电源，起到保护作用。

2）保护接零的分类。在三相四线制电网中，应当区分工作零线和保护零线。前者即中性线，用 N 表示；后者是保护导体，用 PE 表示。如果一根线既是工作零线又是保护零线，则用 PEN 表示。保护接零属于 TN 系统，而 TN 系统又分 TN—C、TNS 和 TN—C—S 系统。

①TN—C 系统中的保护零线和工作零线是一根线（PEN 线）。

②TNS 系统中的保护零线和工作零线是分开的。

③TN—C—S 系统中有一部分保护零线和工作零线共用。

3）保护接零的要求。

①线路的阻抗不宜过大，以保证发生漏电时有足够大的短路电流，迫使线路上的保护装置迅速动作。

②在起保护作用的零线上，绝不允许装设熔断器和开关。

③在同一供电系统中，不允许个别设备接地不接零。否则，采取接地（不接零）的设备发生漏电时，电流通过两接地体构成回路，由于电流不会太大，保护装置可能不动作，故障会长时间存在。采用接地的漏电设备和采用接零的非漏电设备上都可能带有危险电压。

4）保护接地与保护接零的区别。

①保护原理不同。保护接地是限制设备漏电后的对地电压，使之不超过安全范围；保护接零是借助接零线路使设备形成短路，促使线路上的保护装置动作，以切断故障设备的电源。

②适用范围不同。保护接地既适用于一般不接地的高低压电网，也适用于采取了其他安全措施（如装设漏电保护器等）的低压电网；保护接零只适用于中性点直接接地的低压电网。

③线路结构不同。如果采取保护接地措施，电网中可以无工作零线，只设保护接地线；如果采取保护接零措施，则必须设工作零线，利用工作零线作为接零保护。保护零线不应接开关、熔断器，当在工作零线上装设熔断器等时，还必须另装保护接地线或接零线。

（3）工作接地和重复接地。

1）工作接地。在电力系统中，由于运行和安全的需要，在系统中某些点进行的接地叫做工作接地。如变压器和互感器的中性点接地。在接零系统中，变压器低压侧中性点直接接地起工作接地的作用，具体为减轻一相接地的危险，抑制故障时电网对地电压，减轻绝缘的额外负担或防止绝缘击穿。

2）重复接地。将零线上工作接地以外的一处或多处通过接地装置与大地再次连接，称为重复接地。重复接地的安全作用为：

①降低漏电设备对地的电压。

②减轻零线断线的危险。

③增大短路电流，加速线路保护装置的动作。

④改善防雷性能。

工作接地、重复接地和保护接零示意图如图4—13所示。

（4）典型化工设备接地。

1）罐、容器固定设备的接地。

①室外的罐、塔、容器一般已设有防雷接地，可不必单独安装静电接地。但应按照静电接地的要求进行检查，对大于50 m或直径在2.5 m以上的容器、罐、塔，接地部分不得少于2处，接地点应对称布置，其间距小于30 m。

②罐、塔等设备原则上要求在每个部件上都重复接地，接地线的位置应远离

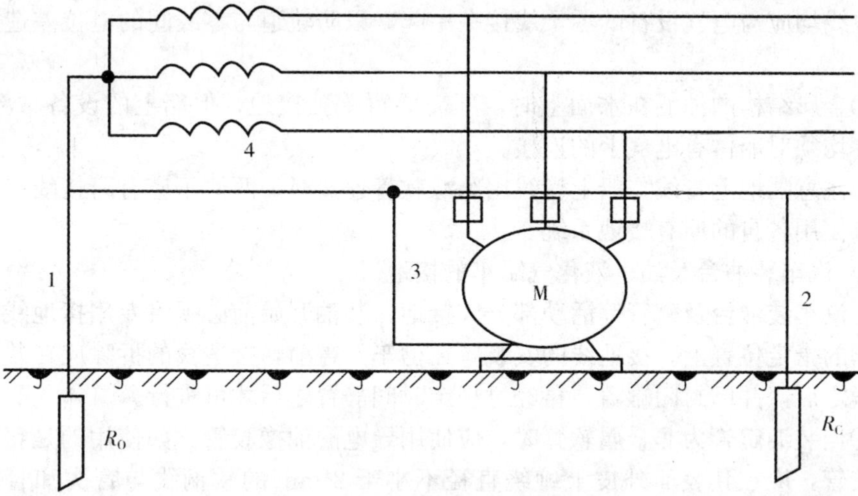

图 4—13　工作接地、重复接地和保护接零示意图

物料的进出口处。

③塔、罐、容器内外的各金属部件及进入罐内的工具部件，均应保证有可靠的防静电接地。

2）管网系统的接地。

①输送易燃可燃的液体、气体、粉体及其混合物的管道系统，应在管道的始端、末端，通过机泵、油罐等设置有可靠的接地连接。

②管网内的过滤器、缓冲器等应设置接地连接点。

③管道系统的接地一般采用焊接式，即通过端子压接的方法，将接地线与接地端子牢固地连接起来。

如果管网系统中有部分管路或部件是非导体，除须将导体管路之间进行跨接并接地外，非导体的管段还应在其表面设置导电的屏蔽层。具体做法是可用裸铜软线做螺旋状缠绕，或在其表面上装设金属网，也可以采用喷涂导电覆盖层的办法。

④设备、管道采用金属法兰连接时，必须保证两个以上的螺栓有可靠的连接，其间的接触电阻不大于 10 Ω，在一般情况下，可不另装跨接线。

3）装卸站台、码头区的接地。

①装卸站台、鹤管、管线、铁轨及铁路始端、末端，应连接成电气通路并接地。装油开始前必须将专用地线夹接在车辆的指定位置上。

②装卸站台及油库内的铁轨除应接地外，还必须采用保护接零，即栈区内所

有接地线均应与电气设备的零干线接在一起，以防轨道与零线间的电位差造成危害。

③金属结构的油船在水面上时，不需要再单独接地，但船上的设备、部件、管线等均须对船体有电气上的连接。

需注意陆地上管线与船上管线用绝缘软管连接时，两侧不应有跨接线，应分别各自使用各自的原有接地系统。

4）汽车装油台及油、液化气罐车的接地。

①汽车装油台及鹤管等活动部分应接地，装油开始前必须将专用接地线装接在槽车的指定位置上。接地线的安装应在槽车开盖前，接地线的拆除应在装油操作完毕之后，并已封闭罐盖，再经过规定时间静置之后才可进行。

②当装油鹤管为非金属软管时，应使用导电耐油橡胶管。如使用的是普通耐油橡胶管，应在其表面外皮上缠绕直径不小于 2 mm 的软铜线与管头和管路相连，通过管路接地。

③液化气槽车装气时，亦应按照规定安装拆卸地线，活动软管应有导电性能。

④装载油（液化气）的汽车应尽量使用导电性材料的轮胎，以利于接地。同时在车体上必须装有电阻值在 140～200 Ω 之间的导电拖带。

⑤各种类型的接地装置与车体连接时，连接的位置应在车体的侧面或后部，应远离物料的装入口、泄放口。

第二节 防静电技术

一、静电的产生及类型

1. 静电的产生

静电是一种客观的自然现象，产生的方式有多种。在干燥条件下，高电阻率且容易得失电子的物质，由于摩擦、接触分离、固体粉碎、液体分离、受热、受压和撞击，都会产生静电。静电产生的内因有物质的溢出功不同、电阻率不同和介电常数不同；静电产生的外因有物质的紧密接触和迅速分离、附着带电、感应起电、极化起电等。

在工业生产中，静电现象是常见的，特别是石油化工部门，塑料、化纤等合成材料生产部门，橡胶制品生产部门，印刷和造纸部门，纺织部门以及其他制造、加工、运输高电阻材料的部门，都会经常遇到有害的静电。

2. 静电的类型

（1）固体静电。固体物质表面往往因有杂质吸附、氧化等原因，形成具有电子转移能力的薄层，在生产中由于摩擦、滚压、接触分离等产生静电。固体静电的产生在塑料、橡胶、合成纤维、皮带传动等生产工序中比较常见。

在很多情况下，固体静电可用双电层和接触电位差的理论来解释。两种固体物质在接触之前都是中性的，当二者紧密接触，其间距离小于 25×10^{-8} cm 时，接触面上将产生双电层，再分离时便产生静电。比如橡胶带在辊轴上转动时，发生摩擦和接触分离而产生静电。

（2）液体静电。液体在流动、搅拌、沉降、过滤、摇晃、喷射、飞溅、冲刷、灌注等过程中都可能产生静电，这种静电能引起易燃液体和可燃气体的火灾和爆炸。当液体流动时，流动层的带电粒子随液体流动形成流动电流，异性带电粒子留在管道中，如管道接地则流入大地，流动的电荷形成电流。

影响液体静电的因素主要有：

1）管道的材质对液体带电量的影响。液体在管道内流动时带电，如果管道材料是金属等导体，则只要在管道上采取有效接地措施，便可将产生的静电荷泄入大地而消失；倘若管道为塑料之类的绝缘材料时，不论管道如何接地，静电荷也不易泄漏，这是绝缘材料的静电特性。因此，输油管道应采用金属或导电材料，并做良好接地，才能有效地导出静电。

2）管道内壁状况对液体带电量的影响。如果管道内壁粗糙，增大了液体的接触面，使液体接触分离的机会增加，从而产生的静电量也随之增多；反之，内壁光滑的管道，液体产生的静电量就少。

3）杂质和水对液体带电量的影响。油品中含有杂质和水分，将会在输道、灌装等过程中产生很高的静电。因此，为了使油品纯净，一般对石油产品都进行过滤，这不但保证了油品的质量，同时也减少了静电的产生。

（3）气体和粉尘静电。

1）气体静电的产生。纯净的气体，即使流动也不易产生静电。其原因是气体分子的间隙是分子半径的 10 倍，由于分子相互间的间隙很大，所以很难产生接触分离带电。但是气体在管道内高速流动或气体中含有悬浮杂质时，在快速接触分离过程中，就会产生强烈的带电现象，并能引起事故。气体带电有以下几种形式：

①高速冲击带电。使用高压蒸汽冲洗油舱或储油槽时，空气中的油雾被蒸汽高速冲击而带电。例如国外曾发生过在一个月内，有三艘油轮相继爆炸沉没的事件，其原因就是使用喷射高压蒸汽冲洗油舱时，造成爆炸的特大事故。

②气体冲入液体带电。气体冲入易带电的液体时，在气泡与液体的界面上会产生双电层。其中部分静电荷可随气泡的消失而消失，但液体内部仍带有一定的

静电。

③高速喷出带电。高压易燃易爆气体和水蒸气，如遇输送管道破裂发生泄漏而高速喷出时，会产生静电高压，造成火花放电而引起燃烧爆炸。

2）粉尘静电的产生。粉尘在加工、输送等作业中，粉尘与粉尘、粉尘与管壁之间的互相摩擦、接触、分离而产生静电。比如上海某化工厂在生产硫黄粉的工艺中，用塑料袋收集随风卷裹的硫黄粉，因硫黄粉在悬浮中摩擦、撞击带电，而使收集器系统多次发生爆炸事故。经现场测试，粉尘收集袋处的静电位高达 3 万多伏。

（4）人体静电。

人体带电的主要原因有摩擦带电、感应带电和吸附带电等。

1）摩擦带电。人穿上胶鞋在铺有毛毯（或橡胶、塑料等）的地面上行走时，由于鞋子与地面摩擦，可带上 5～15 kV 的静电高压。当人体带电超过 10 kV 时，放电能量可达到 5 mJ 以上，足以使可燃气体混合物发生燃烧或爆炸。

2）感应带电。通常人体的电阻为 1～1.5 kΩ，所以人体是导体。当人体接近带电体时，就会发生静电感应带电现象。这时，如果带电的人体接触接地体时，就会发生对地放电，使人有电击的感觉。

3）吸附带电。人从带电粉尘、带电水蒸气等区域内走过时，带电的粉尘和水蒸气吸附在人体上，也会呈现强烈的带电现象。

化工生产中容易产生静电的工序和工作状态见表 4—2。

表 4—2　　化工生产中容易产生静电的工序和工作状态

介质	易产生静电的工序及工作状态
固体或粉体	摩擦、混合、搅拌、洗涤、粉碎、切断、研磨、筛选、切削、振动、过滤、剥离、捕集、液压、倒换、输送、绕卷、开卷、投入、包装、涂布、印刷、穿脱衣服、皮带、传送
液体	流送、注入、充填、倒换、滴流、过滤、搅拌、吸出、洗涤、检尺、取样、飞溅、喷射、摇晃、检温、混入杂质、混入水珠
气体	喷出、泄漏、喷涂、排放、高压、洗涤、管内、输送

二、静电的特性及其危害

1. 静电的特性

（1）静电电量小，但电压高。一般电量只有微库或毫库级，但由于带电体的电容量很小，则电压很高，如橡胶行业的静电电压高达几万伏，甚至十几万伏。

（2）静电的能量不大，一般不大于毫焦级。

（3）在绝缘体上的静电消失或泄漏很慢，因此，必须设置消除静电的装置。

（4）静电会放电。人体或金属体尖端放电都有极大的危险性，特别是在有爆炸和火灾危险场所。

（5）静电会产生静电感应。在工艺现场易发生的地方，由于静电感应，可能会在导体或人体上产生电荷而且电压很高，从而导致危险的火花放电。

（6）静电是可以屏蔽的。通常桶形或空腔的导体，其内部有电荷时，必定在外壳感应出电荷，但当外表面接地时，则外部的电荷为零，且不影响内部的电荷。

2. 静电的危害

静电危害造成相当严重的后果和损失，对于静电引起的火灾和爆炸事故，以炼油、有机化工、橡胶、造纸、印刷、粉末加工、化纤等行业较多。通常静电的危害有以下三种：

（1）引起火灾和爆炸。爆炸和火灾是静电的最大危害。静电的能量虽然不大，但因其电压很高且易放电，出现静电火花。在易燃易爆的场所，可能因为静电火花引起火灾或爆炸。如在部分化学工业中，微弱的火花放电也会引起含烃蒸汽的空气燃烧爆炸；苯在管道中流动，在管壁上产生静电；在反应釜中生产有机精细化学品，溶剂与反应釜器壁摩擦会产生静电。若防范措施不力，就可能造成火灾及爆炸事故。

（2）静电电击。由于静电造成的电击，可能发生在人体接近带电物体的时候，也可能发生在带静电电荷的人体接近接地体的时候。一般情况下，静电的能量较小，因此在生产过程中的静电电击不会直接使人死亡，但电击易引起坠落、摔倒等二次事故，电击还会引起职工紧张，影响工作。

（3）影响生产。在某些生产过程中，不消除静电会影响生产或降低产品性能。此外，静电还可引起电子元件误动作，引发二次事故；或造成元器件突然完全失效，表现为器件电参数突然劣化，失去原来的功能。静电对计算机也能造成伤害。

三、静电防护技术

静电危害的防护措施主要包括控制静电产生的措施、防止静电积累的措施、防止爆炸性混合物形成的措施。静电危害的预防原则是要防止静电的聚集，避免或减少静电放电的产生，或采取“边产生边泄漏”的方法达到预防电荷积聚的目的，将静电荷控制在不致引起产生危害的程度；对已存在的电荷积聚，迅速可靠地消除。

1. 场所危险程度的控制

为防止静电危害，可以采取减轻或消除所在场所周围环境火灾、爆炸危险性的间接措施。如用不燃介质代替易燃介质、通风、惰性气体保护、负压操作等。此外，在工艺允许情况下，采取较大颗粒的粉体代替较小颗粒粉体，能减轻场所的危险性。

2. 工艺控制

（1）控制输送物料流速以限制静电产生。油品等流体在管道中流动所产生的流动电流或电荷密度的饱和值近似与油品等流体流速的二次方成正比，所以对液体物料来说，控制流速是减少静电电荷产生的有效办法。为了不影响生产率，将最大允许流速定为安全流速，使物料在输送中不超过安全流速。如烃类燃料油在管道内输送，管道直径为 50 mm，流速不得超过 3.6 m/s。

（2）选用合适材料。不同的材料相互摩擦时，所带的静电量不同。如：氯化铝粉经过不锈钢漏斗时静电电压为－100 V，而经过虫胶漆漏斗时，静电电压为＋500 V。若选配适当，由这两种材料制成的漏斗，静电电压可以降低为 0 V。在工艺允许的前提下，适当的加料顺序，可以降低静电电压。如：某搅拌作业中，最后加汽油时，液浆表面的静电电压为 11～13 kV，如果改变加料顺序，先加部分汽油，后加入氧化锌和氧化铁，搅拌后加入石棉等填料及剩余汽油，能使液浆表面的静电电压降至 400 V 以下。

（3）增加静止时间。化工生产中将苯、二硫化碳等液体注入容器、储罐时，都会产生一定的静电荷，液体内的电荷将向器壁及液面集中并可慢慢泄漏消散，完成这个过程需要一定的时间。如：向燃料罐注入重柴油，装到 90%时停泵，液面静电位的峰值常常出现在停泵以后的 5～10 s 内，然后电荷就很快衰减掉，完全消除需 70～80 s。因此，刚停泵就进行检测或采样是有危险的。静止时间主要受到物料的电阻率、槽罐容积、气象条件等具体情况决定，也可参考表 4—3。

表 4—3　静电消散静止时间

物料电阻率/（Ω·cm）		10^{8}～10^{12}	10^{12}～10^{14}	＞10^{14}
物料容积	＜10 m^3	2 min	4 min	10 min
	10～50 m^3	3 min	5 min	15 min

（4）静电屏蔽。根据静电屏蔽的原理，可将静电屏蔽分为内场屏蔽和外场屏蔽两种。具体措施是用接地的屏蔽罩把带电体与其他物体隔离开来，这样带电体的电场将不会影响周围其他物体（内场屏蔽）；有时也用屏蔽罩把被隔离的物体

包围起来，使其免受外界电场的影响（外场屏蔽）。

（5）接地。静电接地的目的是使带电体上的电荷有一条导入大地的通路。实现的办法是静电跨接、直接接地、间接接地等手段，把设备上的各部分经过接地极与大地做可靠的电气连接。静电接地的一般连接原则如下：

1）金属导体应做静电跨接、直接接地。

2）电阻率在 10^{10} Ω·m 以下的物体以及表面电阻率在 10^{9} Ω·m 以下的表面应做间接接地。

3）电阻率在 10^{10} Ω·m 以上的非导体及表面电阻率在 10^{9}Ω·m 以上的表面，间接接地虽是必要的，但需靠其他措施相配合，如加抗静电剂、减少静电产生量、规定必要的静置时间、采用静电消除器等才能确保安全。

需做静电接地连接的场所有凡用来加工、储存、运输且能产生静电危险的管道和设备，如各种储罐、混合器、物料输送设备、排注器、过滤器、干燥器、反应器、吸附器、粉碎器等，金属体应跨接形成一个连续的导电整体并接地。

静电接地的连接线应保证足够的机械强度和化学稳定性，连接应当可靠，操作人员在巡回检查中，要检查接地系统是否良好，不允许有与地相绝缘的金属设备或金属部件。各专设的静电接地端子电阻应不大于 100 Ω。

应当指出，当与地绝缘的导体积聚了大量静电电荷时，在对该导体施以接地的瞬间，由于大量电荷通过连接点集中放电，会形成较大的冲击电流，导致产生火花造成危害。此种情况下的放电措施是：

①保证放电点的周围危险介质浓度小于爆炸范围。

②在欲接地放电回路中，串接 10^{6}～10^{8} Ω 的限流电阻。

（6）增湿。增湿带电体在自然环境中放置，其所带有的静电荷会自行逸散。逸散的快慢与介质的表面电阻率和体积电阻率大有关系，而介质的电阻率又和环境的湿度有关。提高环境的相对湿度，不只可缩短电荷的半衰期，还能提高爆炸性混合物的最小引燃能量。

（7）抗静电剂。抗静电剂也称为防静电添加剂。在非导体材料里加入抗静电剂后，能增加材料的吸湿性或离子化倾向，使材料的电阻率降到 10^{4}～10^{6}Ω·m 以下。有的抗静电剂本身有良好的导电性，同样可加速静电的泄漏，消除电荷积累的危险。

使用抗静电剂是消除静电的有效办法，但是某一种产品或物料是否允许加入和加入何种类型的化学抗静电剂，要根据物料的工艺状态及最终使用目的来确定。

化工、石油储运中，根据成本、毒性、腐蚀性、使用有效性和对物料产品性质的影响等来考虑抗静电剂的使用。如橡胶行业只允许使用炭黑作抗静电剂，因为其他类型的化学抗静电剂会使橡胶黏合不牢及产生气泡。

(8) 静电消除器。静电消除器是一种产生电子或离子的装置，借助于产生的电子或离子中和物体上的静电，从而达到消除静电的目的。静电消除器具有不影响产品质量、使用比较方便等优点。常见的静电消除器有感应式消除器、高压静电消除器、高压离子流静电消除器、放射性辐射消除器等。

第三节　防雷电技术

一、雷电的形成及分类

雷电是大气中的放电现象，多形成在积雨云中，积雨云随着温度和气流的变化会不停地运动，运动中摩擦生电，就形成了带电荷的云层，某些云层带有正电荷，另一些云层带有负电荷。另外，由于静电感应常使云层下面的建筑物、树木等带有异性电荷。随着电荷的积累，雷云的电压逐渐升高，当带有不同电荷的雷云与大地凸出物相互接近到一定程度时，其间的电场超过 25～30 kV/cm，将发生激烈的放电，同时出现强烈的闪光。由于放电时温度高达 2 000℃，空气受热急剧膨胀，随之发生爆炸的轰鸣声，这就是闪电与雷鸣。雷电放电具有电流大、电压高等特点。其能量释放出来可能产生极大的破坏力。雷击除可能毁坏设施和设备外，还可能直接伤及人、畜，甚至可能引起火灾和爆炸。从危害角度考虑，雷电可分为直击雷、感应雷、球型雷、雷电侵入波四种。

1. 直击雷

直击雷是闪电直接击在建筑物或其他物体、大地或防雷装置上，产生电效应、热效应和机械力。

2. 感应雷

感应雷也称为雷电感应或感应过电压。它分为静电感应雷和电磁感应雷。

(1) 静电感应雷。静电感应雷是由于带电积云接近地面，在架空线路导线或其他导电凸出物顶部感应出大量电荷引起的。它将产生很高的电位。

(2) 电磁感应雷。电磁感应雷是由于雷电放电时，巨大的冲击雷电流在周围空间产生迅速变化的强磁场引起的。这种迅速变化的磁场能在邻近的导体上感应出很高的电动势。雷电感应引起的电磁能量若不及时泄入地下，可能产生放电火花，引起火灾、爆炸或造成触电事故。

感应雷不论雷云对闪击或雷云对雷云之间闪击，都可能发生并造成灾害。此外，一次雷闪击都可以在较大的范围内的多个小局部同时产生感应雷过电压现象，这种感应高压通过电力线、电话线等传输到很远，致使雷害区范围扩大。

3. 球形雷

球形雷是一种特殊的雷电现象，一般是橙色或红色，或以红火焰的发光球体，直径一般为 10～20 cm，最大直径可达 1 m，存在的时间为百分之几秒至几分钟，一般为 3～5 s，下降时有的无声，有的发出“嘶嘶”声，一旦遇到物体或电气设备时会产生燃烧或爆炸，主要是沿建筑物的孔洞或开着的门窗进入室内，有的由烟囱或通气管道滚入楼房，多数沿带电体消失。

4. 雷电侵入波

雷电侵入波是雷击在架空线路或金属管道上产生的冲击电压，沿着线路或管道迅速传播侵入建筑物内，危及人身安全或损坏设备。

二、雷电的性质及危害

1. 雷电的性质

雷电有电性质、热性质、机械性质等多方面，即：

（1）电性质。雷电产生高达数万伏甚至数 10 万 V 的冲击电压，可毁坏发电机、变压器、断路器、绝缘子等电气设备的绝缘，烧断电线或劈裂电杆，造成大规模停电；绝缘损坏会引起短路，导致火灾或爆炸事故；二次放电（反击）的火花也可能引起火灾或爆炸；绝缘的损坏，如高压窜入低压，可造成严重触电事故；巨大的雷电流流入地下，会在雷击点及其连接的金属部分产生极高的对地电压，可直接导致接触电压或跨步电压的触电事故。

（2）热性质。当几十至上千安的强大电流通过导体时，在极短的时间内将转换成大量热能。雷击点的发热能量为 500～2 000 J，这一能量可熔化 50～200 mm^3 的钢，故在雷电通道中产生的高温往往会酿成火灾。

（3）机械性质。由于雷电的热效应，能使雷电通道中木材纤维缝隙和其他结构缝隙中的空气剧烈膨胀，同时使水分及其他物质分解为气体，因而在被雷击物体内部出现很大的压力，致使被击物遭受严重破坏或造成爆炸。

2. 雷电的危害

根据以上对雷电的性质分析，雷电的危害主要表现在以下几个方面：

（1）火灾和爆炸。直击雷放电的高温电弧、二次放电、巨大的雷电流、球雷侵入可直接引起火灾和爆炸，冲击击穿电气设备的绝缘等可间接引起火灾和爆炸。

（2）触电。积云直接对人体放电、二次放电、球雷打击、雷电流产生的接触电压和跨步电压可直接使人触电；电气设备绝缘因雷击而损坏，也可使人遭到电击。

（3）设备和设施毁坏。雷击产生的高电压、大电流伴随的汽化力、静电力、电磁力可毁坏重要电气装置和建筑物及其他设施。

三、现代防雷电技术

1. 防雷装置

防雷装置包括接闪器、引下线、接地装置、电涌保护器及其他连接导体。

（1）接闪器。接闪器用于直接接受雷击的金属体，如避雷针、避雷线、避雷带、避雷网等，安装在被保护设施的上方。由于这样可使它更接近于雷云，雷云首先对接闪器放电，使强大的雷电流沿接闪器、引下线和接地装置导入大地，从而保护设施免遭雷击。

（2）引下线。引下线应满足机械强度、耐腐蚀和热稳定的要求，通常采用圆钢或扁钢制成，并采取镀锌或刷漆等防腐措施，绝对不可采用铝线作引下线。

引下线应取最短途径，尽量避免弯曲，并每隔 1.5～2 m 设 1 个固定点加以固定。可以利用建筑物的金属结构作为引下线，但金属结构的连接点必须焊接可靠。

引下线在地面以上 2 m 到地面以下 0.2 m 的一段应该用角钢、钢管、竹管或塑料管等加以保护，角钢、钢管应与引下线连接，以减少通过雷电流时的电抗。

（3）接地装置。接地装置具有向大地泄放雷电流的作用，它与接闪器一样应有防腐要求，接地体一般采用镀锌钢管或角钢制作，其长度约为 2.5 m，垂直打入地下，其顶端低于地面 0.6 m。接地体之间用圆钢或扁钢焊接，并采用沥青漆防腐。

（4）电涌保护器。电涌保护器也叫做电压保护器，它是一种限制瞬态过电压和分走电涌电流的器件。

2. 建筑防雷要求

（1）建筑防雷分类。建筑物应根据其重要性、使用性质、发生雷电事故的可能性和后果，以及防雷要求分为以下三类。

1）第一类防雷建筑物。第一类防雷建筑物是指具有特别重要用途的建筑物，如制造、使用或储存炸药、火药、起爆药、火工品等大量危险物质，遇电火花会引起爆炸，从而造成巨大破坏或人身伤亡的建筑物；国家级重点文物保护建筑和构筑物及高度超过 100 m 的建筑物。

2）第二类防雷建筑物。第二类防雷建筑物是指对国家政治或国民经济有重要意义的建筑物，以及制造、使用和储存爆炸危险物质，但电火花不易引起爆炸，或不致造成巨大破坏和人身伤亡的建筑物。

3）第三类防雷建筑物。第三类防雷建筑物是指除第一类、第二类防雷建筑物以外需要防雷的建筑物。

（2）建筑防雷措施。

1）防直击雷。第一类、第二类、第三类防雷建筑物的易受雷击部位、遭受雷击后果比较严重的设施或堆料、高压架空电力线路、发电厂和变电站等，应采取防直击雷的措施。防直击雷的主要措施是在建筑物上安装避雷针、避雷网、避雷带等。在高压输电线路上方安装避雷线。一套完整的防雷装置包括接闪器、引下线和接地装置。

2）防雷电感应。有爆炸和火灾危险的建筑物，重要的电力设施应考虑感应雷防护。为了防止静电感应产生的高压，应将建筑物的不带电的镏金属设备、金属管道、结构钢筋等予以接地。钢筋混凝土层面应将钢筋焊接成避雷网，并每隔18～24 m采用引下线与接地装置连接，并将平行管道、相距不到100 mm的管道用金属线跨接起来。

3）防雷电侵入波。为了防止雷电侵入波沿低电压线路进入室内，金属管道和低压线路最好导入地下，若不能导入地下，则必沿着管道或线路传入相连接的设施，危害人身安全或设备安全。因此应将电流导入地下，具体措施如下：

①架空管道进厂房处及邻近100 m内，采取2～4处接地措施。

②在架空电力线路的进户端安装避雷器，避雷器的上端接线路，下端接地。平时避雷器绝缘间隙保持绝对状态，不影响电力线路的正常运行。当雷电波传来时，避雷器的间隙被高电压击穿而接地，雷电波就不能侵入设施。雷击后，避雷器的间隙恢复绝缘状态，电力系统仍然正常工作。

③建筑物的进出线应分类集中布线，穿金属管保护并与其他金属体做等位连接。

④对建筑物内电子设备分区保护、层层设防，通过接闪、分流、接地、防闪络、屏蔽等电位及合理布线等措施，将雷电侵入途径分割若干能量区域并使冲击能量逐次减小达到保护目的。

4）二次放电防护。为了防止二次放电，不论是在空气中或地下，都必须保证接闪器、引下线、接地装置与邻近导体之间有足够的安全距离。任何情况下第一类建筑物防止二次放电的最小距离不得小于3 m，第二类建筑物防止二次放电的最小距离不得小于2 m，不满足间距要求时应予以跨接。

3. 人身如何防雷击

（1）室内预防雷击。

1）雷雨天气应关好门窗，防止球形雷窜入室内造成危害。

2）雷暴时，人体最好离开可能传来雷电侵入波的线路和设备1.5 m以上。

（2）室外避免雷击。

1）为了防止雷击事故和跨步电压伤人，要远离建筑物的避雷针及其接地引下线。

2）要远离各种天线、电线杆、高塔、烟囱、旗杆。

3）应尽量离开山丘、海滨、河边、池旁。

4）雷雨天气尽量不要在旷野里行走。

第五章　化工检修安全技术

第一节　化工装备安全检查

化工装备的安全检查，是指针对企业危险源的具体情况，以消除各类安全隐患、预防各类事故为目的而进行的持续、全面、系统的安全检查工作。以下列举了部分常见的化工生产装备的安全检查参考内容，以供日常的安全检查借鉴。

一、对压力和真空安全阀的检查

1. 设备承受压力的能力与工艺设计的最大压力是否相当？

2. 哪些地方需要紧急减压装置（如排气孔、安全阀、爆破片、液封等）？这些装置的尺寸及强度是否合适（如公用系统故障、外部起火、阀的位置、失控反应、热膨胀、管道破裂等）？

3. 减压系统是为两相流设计的吗？应该是什么？

4. 有无安装安全阀保护，在操作时，是否有可能因为操作故障而超压的设备？

5. 是否有爆破片和安全阀串联安装？保养情况如何？

6. 在什么部位设置爆破片来放空爆炸产生的高压（如过氧化物的分解）？其尺寸和强度是否与容器的容量及设计相适应？

7. 安全阀的压力设置、尺寸及设置位置是否适当？

8. 泄压装置的输入、输出管道是否适当？

9. 放空阀、安全阀、爆破片的排放位置是否会对设备和人员造成危险？液体会喷入空气中吗？泄压装置的放空（如爆破片和安全阀之间）位置也是在安全位置吗？安装灭火器了吗？

10. 泄压装置所处的位置，当它打开时工艺流体能继续使关键设备冷却吗（如蒸汽过热器）？

11. 火炬、焚烧炉、热氧化器熄灭或停止运行后有何影响？

12. 有可靠的火炬熄灭检测装置吗？火炬装备有可靠的点火系统吗？

13. 如果火炬、焚烧炉、热氧化器或洗涤器停止运行需要采取何种措施？有操作程序使排放量最小直到系统恢复吗？

14. 火炬、泄料、排气系统经过转换、密封或其他保护能否防止空气进入？在管道上安装例行的灭火器了吗？

15. 泄压装置能否承受放出物质或其他物质（如腐蚀、自冷作业、变脆等）的破坏作用？会在泄压装置内部导致堵塞吗？

16. 拆除、检查测试和替换放空、真空调节阀等时有严格的规定和要求吗？日常的例行检查情况如何？

17. 一个或多个泄压装置失效后的操作有何规定？规定执行情况如何？

18. 火炬、泄料、排气系统能应对超压的情况吗？工艺过程排放到这些系统的最坏情况是什么？

19. 是否是独立的冷却和增湿、泄放系统？安全阀直接排放到了合适的系统吗？

二、对管道及阀门的检查

1. 管道是否符合工艺条件的要求？

2. 在正常和非正常操作条件下，哪些特殊因素会促使管道发生故障？

3. 能减小管道的尺寸或长度使其中的危险物的量最小吗？

4. 安装在管道上的泄放装置，当其中的流体发生热膨胀（如氯）时会使法兰分开或损坏垫圈吗？管道系统是否有防冻保护，特别是冷水管道、仪表连接的管道、一端不流动的管道，如备用泵的管道？管道系统中的物料能完全排尽吗？需要对因为热膨胀和振动对管道系统强度的影响和可能的移动进行分析吗？管道系统的支撑和指示是否恰当？会超过铸铁阀的强度而使其破碎吗？因为热膨胀程度不同（特别是法兰的表面）会使管道的衬里破裂吗？

5. 有必要用橡胶管和其他可弯曲管道连接吗？可重新设计管道系统而不再使用软连接吗？软连接的强度能否满足使用条件？

6. 如何进行蒸汽管道的疏水和排空？

7. 哪些管道可能堵塞？堵塞的管道会产生什么危险？

8. 开车、停车过程中是否对所有管道都进行了冲洗？使用前是否进行冲洗或置换？对所有流经管道的物料是否进行了检查？

9. 放空或排污系统是否还用作其他用途？如果是，会产生危险吗？

10. 所有连接公用系统的工艺管道对可能存在的危险物流采取了适当的保护措施吗？管道法兰处是否安装了防喷射装置，以免喷射泄漏物伤害操作工或着火？

11. 塑料或与塑料连接的管道系统位置是否适当，可以避免静压升高吗？

12. 在向设备或储槽进料的辅助管道上装有远距离关闭装置吗?

13. 操作工能迅速打开旁路阀（控制阀或其他元件）吗?

14. 泄压装置下面的切断阀、设备的隔离阀、排污阀等如何控制? 如何向操作工指明关键阀门（如紧急隔离阀、切断阀）的位置? 手柄阀门的位置是否明显? 控制室是否直接显示阀门的位置或其他参数，如执行机构的位置、执行机构使用的动力或送给执行机构的初始信号?

15. 需用切断阀或双重切断阀吗?

16. 关键阀门的执行机构即使在最坏的情况下也能使阀门关闭吗?

17. 操作工操作阀门的程序是否恰当，能使阀杆断裂的可能性降到最小吗? 如果无控制介质或信号控制阀将做何反应? 控制阀故障将导致设备或管道超过其设计极限吗?

18. 对简单的控制阀发生故障，从设计上有什么防范措施?

19. 对整个装置或整个设备而言，若无控制介质或信号，哪些阀门的故障位置将与它们通常的故障位置不同? 如何解决这个问题?

20. 在设备运行过程中，每个自控阀门能进行安全功能测试吗? 如果信号侦测控制回路发生故障或失效有报警声吗? 旁路阀有标志或上锁吗? 紧急情况下能够接近电磁阀吗?

21. 控制器的控制阀易于维修吗?

三、对泵的检查

1. 泵的出口压力会超过泵壳的设计压力吗?
2. 泵的出口压力会超过下游设备或管道的设计压力吗?
3. 对并行的多台泵，因为压力过高，备用泵的单向阀会发生泄漏吗?
4. 可能超过泵的设计温度吗?
5. 紧急情况下泵能与进料隔离吗?
6. 工艺流体有泄漏到电动机里的危险吗?

四、对压缩机的检查

1. 压缩机的出口压力可能超过壳体的设计压力吗?
2. 压缩机的出口压力会超过下游设备或管道的设计压力吗?
3. 压缩机进口管道或中间设备有适当的防超压保护吗?
4. 可能超过压缩机的设计温度吗?
5. 对可能破坏压缩机的波动有适当的保护措施吗?
6. 紧急情况下压缩机能与易燃物质隔离吗?
7. 空气压缩机使用自润滑元件或非易燃合成润滑剂能防止爆炸吗?

8. 空气压缩机吸入口有防污染保护（如雨水、易燃气体等）吗？

9. 如果压缩机在封闭的建筑物内，是否安装有气体检测设备和通风设备？

五、对反应器的检查

1. 反应器中哪些物质导致放热反应？

2. 对搅拌器有何影响？

3. 如何监视搅拌器的运行（轴速、电动机电流）？

4. 物料装填过多、溶剂少、过冷等将产生沉淀或失去搅拌作用吗？

5. 反应器的压力释放适当吗？

6. 会超过反应器的设计温度吗？

7. 反应器催化剂有何危险？

8. 催化剂或床层的再生有何危险？

六、对容器（储槽、罐、塔等）的检查

1. 定期对所有容器进行检查及压力测试吗？所采用的检查方法（X 射线、超声波）能发现被损位置吗？所有的压力容器是否符合相应的标准？是否做了登记？是否审查了压力容器的历史记录？最近一次检查是在什么时间？

2. 容器的压力释放是否适当？

3. 容器中工艺条件发生波动是否会使下游设备超压？

4. 如果不进行置换或吹扫，或者未用惰性气体进行保护将导致什么后果？

5. 向储槽送入液体或从储槽取出液体时有何安全保护？找出了可能产生静电的地方吗？是否使用浸没管以避免产生静电？所有设备包括输送容器都已准确接地了吗？

6. 紧急情况下能将容器中的物料隔离吗？

7. 所有的塔和罐的放空和排污都有详细说明吗？

8. 工艺单元的操作中，哪些容器的液位（如维持泵进口压力的液位、设备前后或之间的液位）是重要的？

9. 所有容器中的物料都已标明吗？

七、对换热器的检查

1. 换热器中管束发生故障将导致哪些后果？

2. 换热器两侧的压力释放是否适当？

3. 可能超过换热器的设计温度吗？

4. 如果换热器短路或无冷却介质将使下游工艺温度过高吗？

5. 如果换热器短路或无加热介质将使下游工艺温度过低吗？

6. 锅炉或再沸器液位低将导致什么后果？高压蒸汽可能进入下一个容器吗？

管道会弯曲或破裂吗？

7. 冷却水供给的可靠性如何？

8. 设备的冲洗是否适当，维修工作能否安全进行（如移出管束）？

八、对燃烧炉与锅炉的检查

1. 燃烧室防爆吗？

2. 燃烧炉在燃料气系统有防液体保护吗？

3. 燃烧炉有液体燃烧系统故障保护吗？

4. 燃烧炉有列管故障保护吗？

九、对仪表的检查

1. 是否确认了涉及过程安全的关键仪表，并且列出了它们的安全工作原理和报警点的设置？

2. 在装置的整个设计过程中，是否考虑了仪表的安全功能和控制功能的统一？如何使直接或间接影响过程安全的仪表的反应时间最小？是不是每个主要的仪表或控制装置都要采用操作方式完全不同的独立的后备仪表或控制装置？对关键工艺过程，在前两种方法的基础上是否还有第三种方法，即安全关闭？

3. 传感器、变送器、显示器、报警或记录，若发生故障将产生何种后果？如何发现故障？如果所有的仪表同时发生故障，所有的操作仍安全吗？如果只是部分发生故障（即有些仪表发生故障，而其他一些仪表正常），那么计算机控制系统是如何配置的？所有的硬件设备（如计算机、显示器、输入输出设备、可编程逻辑控制器、数据传输等）有备用的吗？备用计算机的反应时间要多快？需要人来采取措施吗？

4. 计算机控制软件是如何编写和调试的？如果软件有错误，备用计算机也会出现相同的错误吗？

5. 计算机将对工艺装置发出指令吗？如果是，需要对计算机的故障进行检测吗？计算机发出的任一指令或一组指令可能引起危险吗？

6. 在什么地方使用顺序控制器？当控制器进行调节时，在关键步骤有自动检查和报警吗？在进行下一步调节之前，对关键步骤有检查和报警吗？在计算机顺序控制中，操作工进行干预会有什么结果？

7. 控制系统是否确认操作工的输入在可接收的范围内？

8. 如果仪表短时或较长时间失电会导致什么样的后果？计算机控制系统是否需要不间断电源（UPS）？在荷载情况下是否定期进行检测？不间断电源是否还用于某些执行机构或者只用于提供信号和报警？

9. 人—机界面是否符合安全人机工学的原理？

10. 自动控制可否在手动模式下使用？操作工如何保证在手动模式下安全操作？哪些紧急阀门或控制即使操作工穿上保护服也不能快速接近？

11. 对仪表的功能进行检测及报警点设置的确认是否建立了规程？多长时间进行一次测试？在对报警进行测试和对主要部件进行维修时，采取何种手段不让系统停车？当仪表、显示、控制发生故障后是否得到及时修理？在任意阶段或操作过程中是否有仪表、显示或控制失效？报警点的设置及计算机软件如何对未经授权所做修改进行保护？在仪表拆下进行维护过程中，如何采取措施保证工艺过程的安全？如果没有该仪表，会发生什么情况？

12. 对关键的仪表管道如何进行置换和伴热以避免堵塞？极端空气湿度和温度条件对仪表有何影响？工艺过程的放出物，如水（水管、喷淋、雨水）会漏入控制室或控制仪表吗？

13. 系统中控制仪表所使用的流体将与工艺过程中的物料反应吗？

14. 是否检查了仪表的安装、基础以及设计使用环境和电源等级？仪表的防腐措施是否与管道、储槽及其他构筑物一致？

15. 仪表与控制是否与供应商提供的设备匹配，而且与现有系统和操作工的经验一致？这些仪表和控制如何与整个系统结合？

十、对电力系统的检查

1. 区域的供电等级如何？

2. 所有的辅助配电系统（如变压器、断路器等）处于安全位置吗？

3. 电力系统如何与工艺过程完全匹配？

4. 供电系统采用图示显示便于操作吗？

5. 供电系统仪表的布置能监视设备的运行吗？

6. 哪些是过载和短路保护装置？

7. 在紧急情况下操作工能安全地打开或重置断路器吗？

8. 有何接地保护？

9. 车辆装载时准确接地了吗？

10. 在检修过程中可以不使用哪些用电设备而不致中断生产？该设备能安全地拆下来吗？如何拆？

11. 电缆密封能防止易燃蒸汽侵入吗？

十一、对其他配件的检查

1. 在特殊的工作条件下（如有毒、腐蚀、高温或低温、高压、真空等），需要特殊的密封或封闭措施吗？

2. 运转设备的主要部件有恰当的停放装置以避免设备遭受重大的破坏吗？

3. 监视设备的振动能在初始阶段发现吗？如何检测到非正常振动？非正常振动将会使大型运转设备跳闸吗？

4. 设备的最高转速和操作转速是不同的吗？当设备超速时将跳闸吗？超速或非平衡会使设备解体吗？

5. 所有透平超速跳闸点设置在驱动设备的最大速度以下吗？

6. 供电系统发生故障时是否有操作或安全停车保护？

7. 单向阀的动作是否足够快，以避免逆流以及泵、压缩机及驱动器反转？

8. 有何规程保证液体溢流、冷却或润滑密封有合适的液位？

9. 润滑油系统有过滤器吗？

10. 设备的机械强度满足要求吗？

11. 基础、支架、吊钩是否满足要求？

12. 使用玻璃或易碎材料的地方可否用其他材料代替？如果不能，是否对易碎材料进行了保护，使破裂的可能性降到最低？如果破裂将导致什么后果？

13. 是否只是在需要的地方才有窥孔？在压力容器中，窥孔玻璃是否能承受容器中的最高压力？

14. 如何消除静电以避免产生火花？流体输入大型运转设备了吗？

15. 设备和管道如何防腐？

16. 什么原因将引起设备或管道发生重大故障（如氢气爆炸、热震、外来冲击）？设备和相邻道路之间是否设置隔离栅栏？从空中穿过的管道是否有防起重机撞击保护？所有的设备是否符合现行法规、规范和标准以及公司的要求？

17. 在设备投入使用前如何发现或检测设备说明书的错误、制造缺陷、运输过程中的损坏、建筑安装过程中的损坏或者非正确安装？经常进行哪些测试、检查、维护，以确保设备的长期可靠和完整？

十二、对化学品仓库的检查

1. 设计及施工

（1）评估化学品在正常和异常环境下的兼容性。

（2）易燃品的储存符合标准。

（3）爆炸品仓库符合要求。

（4）爆炸品的储存及发放符合要求。

（5）定期检查通风、排水系统效能。

（6）仓库装备齐全（通风、货架、保安及防火系统）。

（7）获得相应的许可证，并张贴。

（8）对不用的、老化的爆炸品进行储存及处理。

2. 仓库整洁

（1）所有物品有标签，并在货架上排列整齐。

（2）所有容器为密闭状态。

（3）仓库无旧布及可燃料。

（4）标明最大库容量。

3. 使用接地

根据标准使用接地电缆，接地状况良好。

4. 容器及包装

（1）所有产品/物品容器标注清楚、正确。

（2）产品/物品存放在适合的容器内。

（3）正确控制并安全处理空容器。

（4）尽量减少容器数量，以降低风险。

（5）员工了解标注内容。

（6）容器的包装、储存及运输方法应尽量降低风险，减少损坏；处理损坏的容器/包装时要考虑到相关的风险。

5. 大容量储罐

（1）根据要求加固。

（2）正常运行时，排放阀关闭。

（3）认定满足监控/试验要求。

（4）大容量储罐按要求加标签。

十三、对独立的警报、后备报警及其他通信系统等的检查

1. 独立的警报

（1）警报声音独特。

（2）是否能在所有区域听到？

（3）根据试验方案进行试验。

2. 后备报警

（1）备用报警独立于主电源。

（2）定期按计划的时间进行测试，记录偏差。

（3）通过紧急按钮/寻呼机/双方无线电专线服务，与控制室联络。

（4）有关或受影响人员能正确识别警报并懂得如何应变；急救队伍反应时间监测。

3. 其他通信系统

根据风险按需要引入其他通信系统。

十四、对消防设施和管理的检查

1. 各区域提供适当类型及足够数量的消防器材

（1）认定的风险区设置适当类型的消防器材。

（2）适用于不同类型火警的灭火器材：消火栓、灭火器、泡沫灭火点、喷淋系统；根据风险大小，合理分布器材。

（3）器材放置于容易获取的位置。

2. 对防火/火灾蔓延的遏制

（1）认定不准吸烟区并落实执行。

（2）提供及维护防火门。

（3）需要时，使用防火建筑。

（4）维护火灾警报按钮。

（5）需要时，实施热像评估。

（6）由电力推动的防火设备要有备用电源。

（7）按需要安装接地连接。

（8）按需要安装及维护防爆墙。

3. 紧急出口

（1）所有紧急出口不能阻塞。

（2）所有紧急出口不许上锁或提供适当的方法以能在紧急情况下打开。

（3）保持防火门的有效性。

4. 区域标记

（1）若可行，在所有安装位置背景位置做标记（办公室除外）。

（2）通过符号标记来指示位置。

（3）标记表明器材类型，如灭火器、消防水管绕盘等。

（4）符号标记放在可见的位置。

5. 设备未被阻挡

（1）可拿到所有灭火器。

（2）可拿到所有消防水管绕盘。

（3）可接近所有消火栓。

（4）可接近所有消防手推车及消防车。

（5）可接近所有停止阀和控制屏。

6. 定期检查

（1）登记所有的消防器材，清楚标明位置、类型及容量；按标准方法对整个区域及设备编号。

（2）各类设备的检查项目在登记本或检查清单中注明。

（3）检查负责人经过培训且能胜任。

（4）按标准进行检查。

7. 年度维护工作的最低要求

（1）厂区设备的定期维护（由适合的服务商每年至少进行一次维护），同时对各类设备的维护要进行监察，确保采用正确的程序。

（2）对承包商进行审查，确保维护工作符合合格标准。

（3）有同类的备用设备替换维护中的设备。

（4）根据标准对灭火器进行压力试验。

8. 控制中心/急救设备

（1）有专门的控制中心，若主控制中心无法运作，则有另一个可用。

（2）控制中心有必要的通信设备和/或急救设备、计划等。

（3）有紧急备用电源供照明及设备运行。

（4）有控制环境突变（如泄漏）的急救设备，且工作状况良好。

（5）提供适当的处理溢漏的反应物料及设备，并保证容易获取及状况良好。

9. 紧急设备的维护

（1）不间断电源（UPS）。

（2）紧急备用发电机。

（3）紧急备用警报系统。

（4）通信系统。

（5）溢漏遏制设备。

第二节　化工装备安全检修

化工装备在长期运行中，由于外部负荷、内部应力和磨损、腐蚀、疲劳以及自然侵蚀等因素的影响，使个别部件或整体改变原有的尺寸、形状，机械性能下降，强度降低，造成隐患和缺陷，威胁着安全生产。为了维持正常生产，尽量减少非正常停车给生产造成的损失，必须加强对化工设备的维护、保养、检测和维修。

常见的检修包括计划检修和计划外检修。计划检修是指按计划对设备进行的检修。例如，通过备用设备的更替，来实现对故障设备的维修；或根据设备的管理、使用的经验和生产规律，拟订设备的检修计划，按计划进行检修。根据检修内容、周期和要求的不同，计划检修可以分为小修、中修和大修。计划外检修是指在生产过程中设备突然发生故障或事故，必须进行不停车或停车检修。这种检修事先难以预料，无法安排检修计划，而且要求检修时间短，检修质量高，检修的环境及工况复杂，其难度相当大。在目前的化工生产中，化工装备安全检修仍然是不可避免的。

化工生产的危险性决定了化工设备检修的危险性，化工设备和管道中大多残存着易燃、易爆、有毒有害的物质，化工抢修及检修又离不开动火、动土、进罐、入塔等作业，故客观上具备了发生火灾、爆炸、中毒等事故的条件，稍有不慎就会发生事故。据统计，国际国内化工单位发生的事故中，停车检修作业或在运行中抢修作业中发生事故占有相当大的比例。因此，化工操作人员掌握设备检修的相关安全知识和技术是十分必要的。

一、化工装备检修准备

1. 加强组织领导

在大修和中修时，应成立检修指挥部，负责检修计划、调度、安排人力、物力、运输及安全工作。在各级指挥系统中建立由安全、人事、保卫、消防等部门负责人组成的安全保证体系。

2. 制订检修方案

在检修计划中，根据生产工艺过程及公用工程之间的相互关联，制订详细的检修方案，主要包括检修时间、设备名称、检修内容、质量标准、工作程序、施工方法、起重方案、采取的安全技术措施；明确施工负责人、检修项目安全员、安全措施的落实人等。方案中还应包括设备转换、吹洗、盲板抽堵流程示意图等。

方案编制好后，编制人经检查确认无误并签字，经检修单位的设备主任审查并签字，然后送机动、生产、调度、消防及安全技术部门，逐级审批，经补充、修改使方案进一步完善。重大项目或危险性较大项目的检修方案、安全措施，由主管厂长或总工程师批准，书面公布，严格执行。

3. 做好安全教育

企业安全、人事、设备、生产技术、工程管理部门要合力组织好对本单位参加检修人员的教育。同时也要加强承包商队伍、人员及其他单位参加检修人员的教育。安全教育的内容主要包括检修的安全制度和检修现场必须遵守的安全规定，重点要做好检修方案和技术交底工作，使其明确检修内容、步骤、方法、质量标准、注意事项及存在的危险因素和必须采取的措施。

4. 全面检查

安全检查包括装备停工检修前的安全检查、装备检修中的安全检查和生产装备检修后开工前的安全检查其具体要求如下：

(1) 检修项目，特别是重要的检修项目，在制定检修方案时，需同时制定安全技术措施。没有安全技术措施的项目，不准检修。

(2) 检修所用的机具，检查合格后由安全主管部门审查并发给合格证。并贴在设备醒目处，以便于安全检查人员现场检查。没有检查合格证的设备不准进入检修现场和使用。

(3) 在检修过程中，要组织安全检查人员到现场巡回检查，检查各检修现场是否认真执行了检修的各项规定，发现问题及时纠正和解决，如有严重违章者，安全检查员有权令其停止作业。

二、装备停车的安全处理

1. 停车前的准备工作

(1) 编写好停车方案。停车方案的主要内容应包括停车时间、步骤、设备管线倒空及吹扫置换流程登记表、抽堵盲板位置图，并根据具体情况制定防堵、防冻、防凝措施。对每一个步骤都要明确规定具体时间、工艺条件变化幅度指标和安全检查内容，并有专人负责。

(2) 做好检修期间的劳动组织及分工。根据装置的特点，检修工作量大小，停车时的季节及员工的技术水平，合理调配人员。要分工明确，任务到人，措施到位，防止忙乱出现漏洞。在检修期间，除派专人与施工单位配合检修外，各岗位、控制室均应有人坚守岗位。

(3) 检查鉴定。装置停车初期，要组织技术水平高的有关人员，对设备内部进行检查鉴定，以尽早提出新发现的检修项目，便于备料施工，消除设备内部缺陷，保证下个开工周期的安全生产。

(4) 做好停车检修前的组织动员。在停车前要进行一次大检修的动员，使全体人员都明确检修的任务、进度，熟悉停开车方案，重温有关安全制度和规定，对照过去的经验教训，提出停车可能出现的问题，制定防范措施，克服麻痹思想，为安全停车和检修打下扎实的基础。

2. 装备环境安全标准

(1) 在设备内检修，动火时，氧含量应为 19%～21%，燃烧爆炸物质浓度应低于安全值，有毒有害物质浓度应低于最高允许浓度。

(2) 设备外壁检修、动火时，设备内部的可燃气体含量应低于安全值。

(3) 检修场地水井、地沟，应清理干净，加盖或沙封，设备管道内无余压，无灼烫物，无沉淀物。

(4) 设备、管道物料排空后，加水冲洗，再用氮气、空气置换至设备内可燃物含量合格，氧含量在 19.5%～23%。

3. 抽堵盲板

（1）根据装置的检修计划，制定抽堵盲板流程图，对需要抽堵的盲板要统一编号，注明抽堵盲板的部位和盲板的规格，并指定专人负责此项作业和现场监护，防止漏抽漏加。

（2）盲板的制作，以钢板为准，应留有手柄，便于抽堵和检查，一端为盲板、一端为垫圈，使用方便，标志明显。不准用石棉板、马口铁皮或油毡纸等材料代用。盲板要有足够的强度，其厚度一般应不小于管壁厚度。

（3）加盲板的位置，应在有物料来源的阀门后部法兰处，盲板两侧均应有垫片，并把紧螺栓，以保持严密性。不带垫片，就不严密，也会损坏法兰。

（4）抽堵盲板时要采取必要的安全措施。

（5）如果管线抽堵盲板处距离两侧管架较远，应该采取临时支架或吊架措施，防止抽出螺栓后管线下垂伤人。

（6）做好抽堵盲板的检查登记工作。

（7）盲板用后统一收藏，下次再用，以免浪费。

4. 其他

认真封盖，防止下水道系统有易燃、易爆气体外逸，也防止检修中有火花落入下水道中。对转动设备或其他有电源的设备，检修前必须切断一切电源，并在开关处挂上标志牌。

对要实施检修的区域或重要部位，应设置安全界标，并有专人负责监护，非检修人员不得入内。

三、化工装备的安全检修

1. 检修许可证制度

化工生产装备候车检修，尽管经过全面吹扫、蒸煮水洗、置换、抽堵盲板等工作，但检修前仍需对装备系统内部进行取样分析、测爆，进一步核实空气中可燃或有毒物质是否符合安全标准，认真执行安全检修票证制度。

2. 检修作业安全要求

（1）参加检修的一切人员都应严格遵守检修指挥部颁布的《检修安全规定》。

（2）开好检修班前会，向参加检修的人员进行“五交”，即交施工任务、交安全措施、交安全检修方法、交安全注意事项、交遵守有关安全规定，认真检查施工现场，落实安全技术措施。

（3）严禁使用汽油等易挥发性物质擦洗设备或零部件。

（4）进入检修现场人员必须按要求着装。

（5）认真检查各种检修器具。

(6) 消防井、栓周围 5 m 内禁止堆放废旧设备、管线、材料等物件，确保消防、救护车辆的通行。

(7) 检修施工现场，不许存放可燃、易燃物品。

(8) 严格贯彻“谁主管谁负责”的检修原则和安全检查制度。

3. 检修中的特殊作业

(1) 动火作业。加强火种管理是化工企业防火防爆的一个重要环节。化工生产设备和管道中的介质大多是易燃易爆的物质，设备检修时又离不开切割、焊接等作业，而助燃物——空气中的氧气又是检修人员作业场所不可缺少的。对检修动火来说，燃烧三要素随时可能具备，因此，检修动火具有很大危险性。多年来，由于一些企业的检修人员缺乏安全常识，或违反动火安全制度而发生的重大火灾、爆炸事故接连不断，重复发生，教训深刻。所以，检修动火已普遍引起了化工企业的重视，一般都制定了动火制度，严格动火的安全规定，这是十分必要的。

1) 定义。

①动火区。在化工企业中，凡是动用明火或可能产生火种的作业都属于动火的范围，如熬沥青、烘炒砂石、喷灯等明火作业；打墙眼、凿水泥基础、电气设备的耐压试验、电烙铁锡焊、凿键槽、开坡口等易产生火花或高温的作业。在禁火区内从事上述作业都应和焊、割一样对待，办理动火证审批手续，落实安全动火的措施。

固定动火区的条件如下：

a. 固定动火区距可燃易爆物质的设备、仓库、储罐、堆场的距离应符合国家有关防火规范的防火间距要求，距易燃易爆介质的管道最好在 15 m 以上。

b. 在任何气象条件下，固定动火区域内的可燃气体含量都应在允许范围以下。设备装置在正常放空时可燃气体扩散不到的动火区内。

c. 动火区若设在室内，应与防爆生产现场隔开，不准有门窗串通。允许开的门窗都要向外开，各种通道必须畅通。

d. 固定动火区周围 10 m 以内不得存放易燃易爆及其他可燃物质。少量的有盖桶装电石、乙炔气瓶等在采取可靠措施后，妥善保管的情况下，允许存放。

e. 固定动火区应备有适用的、足够数量的灭火器材。

f. 动火区要设置有“动火区”字样一类的明显标志。

②禁火区。在生产正常或不正常情况下有可能形成爆炸性混合物的场所，以及存在易燃、可燃物质的场所都应划为禁火区。在禁火区内，根据发生火灾、固定动火区、爆炸危险性的大小、所在场所的重要性，以及一旦发生火灾爆炸事故

可能造成的危害大小，划分为一般危险区和危险区两类。

③特殊危险动火作业。在生产运行状态下的易燃易爆物品生产装置、输送管道、储罐、容器等部位上及其他特殊危险场所的动火作业。

④一级动火作业。在易燃易爆场所进行的动火作业。

⑤二级动火作业。除特殊危险动火作业和一级动火作业以外的动火作业。凡厂、车间或单独厂房全部停车，装置经清洗置换、取样分析合格，并采取安全隔离措施后，可根据其火灾、爆炸危险性大小，经厂安全防火部门批准，动火作业可按二级动火作业处理。遇节日、假日或其他特殊情况时，动火作业应升级管理。

2）动火作业安全防火要求。

①一级和二级动火作业安全防火要求，主要包括以下几个方面：

a. 动火作业必须办理动火安全作业证。进入设备内、高处等进行动火作业时，还须执行 HG 23012—1999、HG 23014—1999 的规定。

b. 厂区管廊上的动火作业按一级动火作业管理；带压不置换的动火作业应按特殊危险动火作业管理。

c. 凡盛有或盛过化学危险物品的容器、设备、管道等生产、储存装置，必须在动火作业前进行清洗置换，经分析合格后，方可动火作业。

d. 凡在 GB J16—1987 规定的甲、乙类区域的管道、容器、塔罐等生产设施上动火作业，必须将其与生产系统彻底隔离，并进行清洗置换，取样分析合格。

e. 高空进行动火作业，其下部地面如有可燃物、空洞、阴井、地沟、水封等，应检查分析，并采取措施，以防火花溅落引起火灾爆炸事故。

f. 拆除管线的动火作业，必须先查明其内部介质及其走向，并制定相应的安全防火措施。在地面进行动火作业，周围有可燃物，应采取防火措施。动火点附近如有阴井、地沟、水封等应进行检查、分析，并根据现场的具体情况采取相应的安全防火措施。

g. 在生产、使用、储存氧气的设备上进行动火作业，其氧含量不得超过20%。

h. 五级风以上（含五级风）天气，禁止露天动火作业。因生产需要确需动火作业时，动火作业应升级管理。

i. 动火作业应有专人监火。动火作业前应清除动火现场及周围的易燃物品，或采取其他有效的安全防火措施，配备足够适用的消防器材。

j. 动火作业前，应检查电、气焊工具，保证安全可靠，不准带病使用。

k. 使用气焊割动火作业时，氧气瓶与乙炔气瓶间距不小于 5 m，两者与动火作业地点的距离均不小于 10 m，并不准在烈日下曝晒。

l. 在铁路沿线（25 m以内）的动火作业，遇装有化学危险物品的火车通过或停留时，必须立即停止作业。

m. 凡在有可燃物或易燃物构件的凉水塔、脱气塔、水洗塔等内部进行动火作业时，必须采取防火隔离措施，以防火花溅落引起火灾。

n. 动火作业完毕，应清理现场，确认无残留火种后，方可离开。

②特殊危险动火作业的安全防火要求。特殊危险动火作业在符合一级、二级防火规定的同时，还必须符合以下规定。

a. 在生产不稳定，设备、管道等腐蚀严重情况下不准进行带压不置换的动火作业。

b. 必须拟订施工安全方案，落实安全防火措施。动火作业时，车间主管领导、动火作业与被动火作业单位的安全员、厂主管安全防火部门人员、主管厂长或总工程师必须到现场，必要时可请专职消防队到现场监护。

c. 动火作业前，生产单位要通知工厂生产调度部门及有关单位，使之在异常情况下能及时采取相应的应急措施。

d. 动火作业过程中，必须设专人负责监视生产系统内压力变化情况，使系统保持低于 100 mm H_2O（1 mm H_2O＝9.806 65 Pa）的正压。低于 100 mm H_2O压力应停止动火作业，查明原因并采取措施后，方可继续动火作业，严禁负压动火作业。

e. 动火作业现场的通排风要良好，以保证泄漏的气体能顺畅排走。

3）动火分析及合格标准。

①动火分析应由动火分析人员进行，凡是在易燃易爆装置、管道、储罐、阴井等部位及其他认为应进行分析的部位动火时，动火作业前必须进行动火分析。

②动火分析的取样点，应由动火所在单位的专（兼）职安全员或当班班长负责提出。

③动火分析的取样点，要有代表性。特殊动火的分析样品应保留到动火结束。

④取样与动火的时间间隔不得超过 30 min，如超过或动火作业中断时间超过 30 min，必须重新取样分析。如现场分析手段无法实现上述要求者，应由主管厂长或总工程师签字同意，另做具体处理。

⑤使用测爆仪或其他类似手段进行分析时，监测设备必须经被测对象的标准气体样品标定合格。

⑥遵守动火分析合格判断标准。如使用测爆仪或其他类似手段进行分析时，

被测的气体或蒸汽浓度应小于或等于爆炸下限的20%；使用其他分析手段时，当被测的气体或蒸汽的爆炸下限大于等于4%时，其被测浓度小于等于0.5%；被测的气体或蒸汽的爆炸下限小于4%时，其被测浓度小于等于0.2%。

4）动火安全作业证的管理。

①形式。动火安全作业证为两联，特殊危险动火、一级动火、二级动火安全作业证分别以三道、二道、一道斜红杠来区分。

②办理程序和使用要求。动火安全作业证的办理程序和使用要求如下。

a. 动火安全作业证由申请动火单位指定动火项目负责人办理。办证人须按动火安全作业证的项目逐项填写，不得空项；然后根据动火等级，按规定的审批权限办理审批手续；最后将办理好的动火安全作业证交动火项目负责人。

b. 动火项目负责人持办理好的动火安全作业证到现场，检查动火作业安全措施落实情况，确认安全措施可靠并向动火人和监火人交代安全注意事项后，将动火安全作业证交给动火人。

c. 一份动火安全作业证只准在一个动火点使用。动火后，由动火人在动火安全作业证上签字。如果在同一动火点多人同时动火作业，可使用一份动火安全作业证，但参加动火作业的所有动火人应分别在动火安全作业证上签字。

d. 动火安全作业证不准转让、涂改，不准异地使用或扩大使用范围。

e. 动火安全作业证一式两份，终审批准人和动火人各持一份存查；特殊危险动火作业的动火安全作业证由主管安全防火部门存查。

③有效期限。动火安全作业证的有效期限是：特殊危险动火作业的动火安全作业证和一级动火作业的动火安全作业证的有效期为24 h；二级动火作业的动火安全作业证的有效期为120 h。动火作业超过有效期限，应重新办理动火安全作业证。

④审批。动火安全作业证的审批程序是：特殊危险动火作业的动火安全作业证由动火地点所在单位主管领导初审签字，经主管安全防火部门复检签字后，报主管厂长或总工程师终审批准；一级动火作业的动火安全作业证由动火地点所在单位主管领导初审签字后，报主管安全防火部门终审批准；二级动火作业的动火安全作业证由动火地点所在单位主管领导终审批准。

5）职责要求。

①动火项目负责人对动火作业负全面责任。动火项目负责人必须在动火作业前详细了解作业内容和动火部位及周围情况，参与动火安全措施的制定、落实，向作业人员交代作业任务和防火安全注意事项。作业完成后，组织检查现场，确认无遗留火种，方可离开现场。

②独立承担动火作业的动火人，必须持有特殊工种作业证，并在动火安全作业证上签字。若带徒弟作业时，动火人必须在场监护。动火人接到动火安全作业证后，要核对证上各项内容是否落实，审批手续是否完备，若发现不具备条件时，有权拒绝动火，并向单位主管安全防火部门报告。动火人必须随身携带动火安全作业证，严禁无证作业及审批手续不完备的动火作业。动火前（包括动火停歇期超过 30 min 再次动火），动火人应主动向动火点所在单位当班班长呈验动火安全作业证，经其签字后方可进行动火作业。

③监护人由动火点所在单位指定责任心强、有经验、熟悉现场、掌握消防知识的人员担任。必要时，也可由动火单位和动火点所在单位共同指派。新项目施工动火，由施工单位指派监火人。监火人所在位置应便于观察动火和火花溅落，必要时可增设监火人。监火人负责动火现场的监护和检查，随时扑灭动火飞溅的火花，发现异常情况应立即通知动火人停止动火作业，并及时联系有关人员采取措施。监火人必须坚守岗位，不准脱岗。在动火期间，不准兼作其他工作。在动火作业完成后，要会同有关人员清理现场，清除残火，确认无遗留火种后方可离开现场。

④被动火单位班组长（值班长、工段长）为动火部位的负责人，对所属生产系统在动火过程中的安全负责，参与制订、负责落实动火安全措施，负责生产与动火作业的衔接，检查动火安全作业证。对审批手续不完备的动火安全作业证，有制止动火作业的权力。在动火作业中，生产系统如有紧急情况或异常情况，应立即通知停止动火作业。

⑤动火分析人对动火分析手段和分析结果负责。根据动火地点所在单位的要求，亲自到现场取样分析，在动火安全作业证上填写取样时间和分析数据并签字。

⑥执行动火单位和动火点所在单位的安全员负责检查本标准的执行情况和安全措施的落实情况，随时纠正违章作业。特殊危险动火、一级动火，安全员必须到现场。

各级动火作业的审查批准人审批动火作业时必须亲自到现场，了解动火部位及周围情况，确定是否需做动火分析，审查并明确动火等级，检查、完善防火安全措施，审查动火安全作业证的办理是否符合要求。在确认准确无误后，方可签字审批动火作业。

6）动火作业的六大禁令。原化学工业部颁布安全生产禁令中关于动火作业的六大禁令如下：

①动火证未经批准，禁止动火。

②不与生产系统可靠隔绝，禁止动火。

③不清洗、置换不合格，禁止动火。

④不清除周围易燃物，禁止动火。

⑤不按时做动火分析，禁止动火。

⑥没有消防措施，禁止动火。

7）油罐带油动火。由于各种原因，罐内油品无法抽空只得带油动火时，除了上述检修动火应做到的安全要求外，还应注意以下几点：

①在油面以上不准带油动火。

②补焊前应先进行壁厚测定，补焊处的壁厚应满足焊时不被烧穿的要求（一般应大于等于 3 mm）。根据测得的壁厚确定合适的焊接电流值，防止因电流过大而烧穿补焊处，造成冒油着火；电焊机的接地线尽可能靠近被焊钢板。

③动火前用铅或石棉绳等将裂缝塞严，外面用钢板补焊。

罐内带油，油面下动火补焊作业危险性很大，只是万不得已的情况下才采用，动火前一定要有周密的方案、可靠的安全措施，并选派经验丰富的人员担任，现场监护和扑救措施比一般检修动火更应该加强。

油管带油动火，同油罐带油动火处理的原则是相同的。只是在油管破裂，生产系统无法停下来的情况下，抢修堵漏才用。带油管路动火应做好以下几项工作：

①测定焊补处管壁厚度，决定焊接电流及焊接方案，防止烧穿。

②清理周围环境，移去一切可燃物。

③准备好消防器材，做好扑救准备，并利用难燃或不燃挡板严格控制火星飞溅方向。

④邻近油罐、油管等做好防范措施。

⑤降低管内油压，但需保持管内油品的不停流动。

⑥用铅或石棉绳等堵塞漏处，然后打卡子。根据泄漏处的部位、形状确定卡子的形状和胶垫的厚度、卡子板的厚度。胶垫不能太厚，太厚了卡子与管子的间隙过大，焊接时局部温度太高，胶垫溶化油大量漏出，就无法施焊；若泄漏处管壁因腐蚀较薄，则卡子要宽些，施焊应焊在管壁较厚部位上。

⑦对泄漏处周围的空气要进行分析，要合乎动火安全要求。

⑧挑选经验丰富、技术高的焊工承担焊接。施焊要稳、准、快，焊接顺序应当是先下后上，焊点对称。焊接过程中监护人、扑救人员等都不得离开现场。

⑨若是高压油管，要降压后再打卡子焊补。

⑩动火前与生产部门联系，在动火期间不得泄放易燃物质。

8）带压不置换动火。带压不置换动火是指可燃气体设备、管道在一定的条件下未经置换直接动火焊补。在理论上是可行的，只要严格控制焊补设备内介质中的含氧量，不能形成达到爆炸范围的混合气，在正压条件下，外泄的可燃气只烧不炸，即点燃外泄可燃气体，并保持稳定的燃烧，控制可燃气体的燃烧过程不致发生爆炸。在实践上，一些企业带压安全焊补了大型煤气柜，取得了一定的经验。但是，带压不置换动火的危险性极大，一般情况下不主张采用。必须采用带压不置换动火时，应注意以下环节：

①正压操作。焊补前和整个动火作业过程中，焊补设备或管道必须保持稳定的正压，这是确保带压不置换动火安全的关键。一旦出现负压，空气进入焊补设备、管道，就将发生爆炸。

压力的大小以不喷火太猛和不易发生回火为原则。压力太大，可燃气流速大，火焰大而猛，焊条熔滴易被气流吹走，作业人员难以靠近，施焊困难，而且穿孔部位的钢板在火焰高温作用下易变形和裂口扩张，从而喷出更大的火焰，酿成事故；压力太小，气体流速也小，压力稍波动即可能出现负压而发生爆炸事故，因此，选择压力时要留有较大的安全裕度。一般为 $1.999\times10^4\sim78.46\times10^4$ Pa。在这个范围内，根据设备损坏的程度、介质性质、压力可能降低的程度等来选定。带压不置换动火，压力一般宜控制在 $1.999\times10^4\sim7.236\times10^4$ Pa 之间。穿孔裂缝越小，压力选择的范围越大，可选用的压力可高一点；反之，应选择较低的压力。但是，在任何情况下，绝对不允许出现负压。作业过程中必须指定专人监视系统压力。

②含氧量确定。带压不置换动火必须保证系统内的含氧量低于安全标准。不同的可燃气体或同一种可燃气体在不同的溶剂、不同的压力或温度下，有不同的爆炸极限。根据生产实践经验，一般规定可燃气体中含氧量不得超过1%，作为安全标准（环氧乙烷例外）。焊补前和整个动火作业中，都必须始终保证系统内氧含量小于等于1%。这就要求生产负荷平衡，前后工段加强统一调度，关键岗位指派专人把关，并指定专人负责系统内介质成分的分析，掌握含氧量的情况。若发现含氧量增高，要增加分析次数，并尽快查明原因，及时排除使含氧量增加的一切因素；若含氧量达到或超过1%时，应立即停止焊补工作。

③焊前准备。首先测定壁厚，裂缝处和其他部位的最小壁厚应大于强度计算所确定的最小壁厚，并能保证焊接时不被烧穿，不满足上述条件，不准焊补；壁厚满足上述要求，根据裂缝的位置、形状、裂口大小、焊补范围、壁厚大小、母材材质等制订焊补方案；组织得力的抢修班子，挑选合适的焊工；现场要事先准备一台或数台轴流风机、几套长管式面具（若介质是煤气一类有毒气体）和灭火

器材；若是高处作业，应搭好不燃的脚手架或作业平台，并能满足作业人员在短时间内迅速撤离危险区域的要求；准备好焊补覆盖的钢板及辅助工具等。

④动火焊补。动火前应分析泄漏处周围空气中可燃气体的浓度，若是有毒气体还应分析有毒物质的含量，防止动火时发生空间爆炸和中毒；焊补人员和辅助人员进入作业地点前要穿戴好防护用品和器具，由辅助人员把覆盖的钢板依预先画好的范围复合上去，用工具紧紧抵住，焊工引燃外泄可燃气体，开始焊补。凡压力、含氧量超过规定范围都应停止焊补作业，人员离开现场。焊接过程中可用轴流风扇吹风以控制火焰的方向，为焊工和辅助工创造较好的工作条件。除了防爆、防中毒、防高处坠落外，作业人员应选择合适的位置，防止火焰外喷烧伤。整个作业过程中，监护人、扑救人员、医务人员及现场指挥都不得离开，直至焊补工作结束。

（2）动土作业。化工企业内外的地下有动力、通信和仪表等不同用途、不同规格的电缆，有上水、下水、循环水、冷却水、软水（soft water，不含或含较少可溶性钙、镁化合物的水）、除盐水（desalted water，除盐水是指含很少或不含矿物质的水）和消防用水等口径不一、材料各异的生产、生活用水管，还有煤气管、蒸汽管、各种化学物料管。电缆、管道纵横交错，编织成网。如果动土没有一套完善的安全管理制度，不明地下设施情况而进行动土作业，会出现挖断了电缆、击穿了管道、土石塌方、人员坠落，造成人员伤亡或全厂停电等重大事故。因此，动土作业应该是化工检修安全技术管理的一个内容。

1）定义。凡是影响到地下电缆、管道等设施安全的地上作业都包括在动土作业的范围之内。如挖土、打桩、埋设接地极等入地超过一定深度的作业（入土深度以多少为界视各企业地下设施深度而定，有的规定为 0.5 m，有的可能为 0.6 m，以可能危及地下设施的原则确定）；绿化植树、设置大型标语牌、宣传画廊以及排放大量污水等影响地下设施的作业；用推土机、压路机等施工机械进行填土或平整场地；除正规道路以外的厂内界区，物料堆放荷重在 5 t/m^2 以上或者包括运输工具在内物件运载总重在 3t 以上的都应作为动土作业。堆物荷重和运载总重的限定值应根据土质而定。

2）动土作业的安全要求。

①动土作业前的准备工作。动土作业前必须办理动土安全作业证，没有动土安全作业证不准动土作业。

动土作业前，项目负责人应对施工人员进行安全教育；施工负责人对安全措施进行现场交底，并督促落实。作业前必须检查工具、现场支护是否牢固、完好，发现问题应及时处理。

②动土作业过程中的安全要求，主要有以下几个方面：

a. 防止损坏地下设施和地面建筑。动土作业中在接近地下电缆、管道及埋设物的地方施工时，不准用铁镐、铁撬棍或铁楔子等工具进行作业，也不准使用机械挖土；在挖掘地区内发现事先未预料到的地下设备、管道或其他不可辨别的物质时，应立即停止工作，报告有关部门处理，严禁随意敲击；挖土机在建筑物附近工作时，与墙柱、台阶等建筑物的距离至少应在 1 m 以上，以免碰撞等。

b. 防止坍塌。开挖没有边坡的沟、坑、池等必须根据挖掘深度装设支撑。开始装设支撑的深度，根据土壤性质和湿度决定。如果挖掘深度不超过 1.5 m，可将坑壁挖成小于自然坍落角的边坡而不设支撑。一般情况下，深度超过 1.5 m 的应设支撑；冬季挖土在冻层深度范围内，可不设支撑，但超过此范围时必须做适当的固壁支撑；施工中应经常检查支撑的安全状况，有危险征兆时应及时加固。拆除支柱、木板的顺序应从下而上，一般的土壤同一时间拆下的木板不得超过 3 块；松散和不稳定的土壤一次不超过 1 块。更换横支撑时，必须先安上新的，然后拆下旧的。

挖出的泥土堆放处所和堆放的材料至少要距离坑、槽、井、沟边沿 0.8 m，高度不得超过 1.5 m。开始挖土前应排除地面水并采取措施防止地面水的侵入，当沟、坑、池挖至地下水位以下时应采取排水措施；已挖的沟槽、基坑等遇到雨雪浸湿时应经常检查土壤变化情况，如有滑动、裂缝等现象时，应先将其消除方可继续工作。土方有坍塌危险时应暂时停止工作，将积水排出。局部放宽土坡、边坡或加固边坡，以保持稳定，坡顶附近禁止行人或车辆通过。禁止一切人员在基坑内休息；工人上下基坑不准攀登水平支撑或撑杆；当发现土壤有可能坍塌或滑动裂缝时，所有在下面工作的人员必须离开工作面，然后组织工人将滑动部分先挖去或采取防护措施再进行工作，尤其是雨季和化冻期间，更应注意防止坍落；在铁塔、电杆、地下埋设物及铁道附近进行挖土时，必须在周围加固后，方准施工。

c. 防止机器工具伤害。人工挖土的各种工具必须坚实，把柄应用坚硬的木料制成，外表要刨光。在挖土的工作面工作人员应保持适当的距离。使用挖土机或推土机进行机械挖土时，开动机器前应发出规定的音响信号；挖土机械工作或行走时，禁止在举重臂或吊斗下面有人逗留或通过，禁止任何人员上下挖土机，禁止进行各种辅助工作和在回转半径内平整地面。挖土机暂时停止工作时，应将吊斗放在地面上，不准使其悬空；清除吊斗内的泥土或卡住的石块，应在挖土机停止并经司机许可后，才可进行工作；夜间作业必须有足够的照明。

d. 防止坠落。挖掘的沟、坑、池等应在其周围设置围栏和警告标志，夜间设红灯警示；工人下沟、坑、池时应铺设钉有防滑条的跳板。挖土坑中留作人行道的土堤应保持有足够稳定的边坡，或加适当的支撑，顶宽至少要大于 70 cm。

此外，动土作业必须按动土安全作业证的内容进行，不得擅自变更动土作业内容、扩大作业范围或转移作业地点。在可能出现煤气等有毒有害气体的地点工作时，应预先通知工作人员，并做好防毒准备。在化工危险场所动土作业时，及时与有关操作人员联系，当化工生产突然排放有毒有害气体时，应立即停止工作，撤离全部人员并报告有关部门处理，在有毒有害气体未彻底清除前不准恢复工作。

3）动土安全作业证的管理。动土安全作业证由机动部门负责管理。动土申请单位在机动部门领取动土安全作业证，填写有关内容后交施工单位。施工单位接到动土安全作业证，填写有关内容后将动土安全作业证交动土申请单位。

动土申请单位从施工单位收到动土安全作业证后，交厂总图室及有关水、电、汽、工艺、设备、消防、安全等部门审核，由厂机动部门审批。

动土作业审批人员应到现场核对图样，查验标志，检查确认安全措施，方可签发动土安全作业证。

动土申请单位将办理好的动土安全作业证留存后，分别送总图室、机动部门、施工单位各一份。

（3）高处作业。有关资料统计，化工企业高处坠落事故造成的伤亡人数仅次于火灾爆炸和中毒事故。发生高处坠落事故的主要原因是：洞、坑无盖板，平台、扶梯的栏杆不符合安全要求，或检修中移去盖板，临时拆除栏杆后不设警告标志，没有防护措施；高处作业不挂安全网、不戴安全帽、不系安全带；梯子使用不当或梯子不符合安全要求；不采取任何安全措施在石棉瓦之类不坚固的结构上作业；脚手架有缺陷；高处作业用力不当，重心失稳等。化工企业在检修作业中，除了做好防火、防爆、防中毒工作外，做好防高处坠落事故对大幅度减少化工重大伤亡事故有很大作用。

1）定义。凡距坠落高度基准面（指从作业位置到最低坠落着落点的水平面）2 m 及其以上，有可能坠落的高处进行的作业，称为高处作业。

在高温或低温情况下进行的高处作业，称为“异常温度高处作业”。高温是指工作地点具有生产性热源，其气温高于本地区夏季室外通风设计计算温度的气温 2℃及以上时的温度。低温是指作业地点的气温低于 5℃。

作业人员在电力生产和供、用电设备的维修采取地（零）电位或等（同）电位作业方式，接近或接触带电体对带电设备和线路进行的高处作业，称为“带电高处作业”。

2）高处作业的分级表见表5—1。

表5—1　　高处作业的分级表

级别	一	二	三	四
高度 H/m	$2<H\leqslant5$	$5<H\leqslant15$	$15<H\leqslant30$	$H\geqslant30$

3）高处作业的分类。高处作业分为特殊高处作业、化工工况高处作业和一般高处作业。

①特殊高处作业，包括：

a. 在阵风风力为6级（风速10.8 m/s）及以上情况下进行的强风高处作业。

b. 在高温或低温环境下进行的异常温度高处作业。

c. 在降雪时进行的雪天高处作业。

d. 在降雨时进行的雨天高处作业。

e. 在室外完全采用人工照明进行的夜间高处作业。

f. 在接近或接触带电体条件下进行的带电高处作业。

g. 在无立足点或无牢靠立足点的条件下进行的悬空高处作业。

②化工工况高处作业，包括：

a. 在坡度大于45°的斜坡上面进行的高处作业。

b. 在升降（吊装）口、坑、井、池、沟、洞等上面或附近进行的高处作业。

c. 在易燃、易爆、易中毒、易灼伤的区域或转动设备附近进行的高处作业。

d. 在无平台、无护栏的塔、釜、炉、罐等化工容器、设备及架空管道上进行的高处作业。

e. 在塔、釜、炉、罐等设备内进行的高处作业属于化工工况高处作业。

③一般高处作业。除特殊高处作业和化工工况高处作业以外的高处作业。

4）高处安全作业证的管理。一级高处作业及化工工况a、b类高处作业由车间负责审批；二级、三级高处作业及化工工况c、d类高处作业由车间审核后，报厂安全管理部门审批；特级、特殊高处作业及化工工况e类高处作业由厂安全部门审核后报主管厂长或总工程师审批。

施工负责人必须根据高处作业的分级和类别向审批单位提出申请，办理高处安全作业证。高处安全作业证一式三份，一份交作业人员，一份交施工负责人，一份交安全管理部门留存。

对施工期较长的项目，施工负责人应经常深入现场检查，发现隐患及时整改，并做好记录。若施工条件发生重大变化，应重新办理高处安全作业证。

5）高处作业的安全要求。

①作业人员。患有精神病、癫痫病、高血压、心脏病等疾病的人不准参加高处作业。工作人员饮酒、精神不振时禁止登高作业。患深度近视眼病的人员也不宜从事高处作业。

②作业条件。高处作业均需先搭脚手架或采取其他防止坠落的措施后，方可进行；在没有脚手架或者没有栏杆的脚手架上工作，高度超过 1.5 m 时，必须使用安全带或采取其他可靠的安全措施。

③现场管理。高处作业现场应设有围栏或其他明显的安全界标，除有关人员外，不准其他人在作业地点的下面通行或逗留；进入高处作业现场的所有工作人员必须戴好安全帽。

④防止工具材料坠落。高处作业应一律使用工具袋。较大的工具应用绳拴牢在坚固的构件上，不准随便乱放；在格栅式平台上工作，为防物体掉落，应铺设木板；递送工具、材料不准上下投掷，应用绳系牢后上下吊送；上下层同时进行作业时，中间必须搭设严密牢固的防护隔板、罩棚或其他隔离设施；工作过程中除指定的、已采取防护围栏处或落料管槽可以倾倒废料外，任何作业人员严禁向下抛掷物料。

⑤防止触电和中毒。脚手架搭建时应避开高压线。实在无法避开时应保证高处作业中电线不带电，或作业人员在脚手架上活动范围及其所携带的工具、材料等与带电导线的最短距离大于安全距离（电压等级≤110 kV，安全距离为 2 m；电压等级≤220 kV，安全距离为 3 m；电压等级≤330 kV，安全距离为 4 m）。高处作业地点如靠近放空管，则作业安全负责人事先与有关生产部门联系，保证高处作业期间生产装置不向外排放有毒有害的气体，并事先向高处作业全体人员交代明白一旦有毒有害气体排放应如何迅速撤离现场，并根据可能出现的意外情况采取应急的安全措施，指定专人落实。

⑥气象条件。暴雨、打雷、大雾等恶劣天气下，应停止露天高处作业。

⑦注意结构的牢固性和可靠性。在槽顶、罐顶、屋顶等设备或建筑物、构筑物上作业时，除了临空一面应装设安全网或栏杆等防护措施外，事先应检查其牢固可靠程度，防止失稳或破裂等可能出现的危险；严禁不采取任何安全措施，直接站在石棉瓦、油毛毡等易碎裂材料的屋顶上作业。为了防止误登，应在这类结构的显眼地点挂上警告牌。若必须在此类结构上作业时，应架设人字梯或铺上木板以防止坠落。

除上述要求外，登高作业人员的鞋子不宜穿塑料底等易滑的或硬质厚底的鞋子；冬季在－10℃从事露天高处作业应注意防止冻伤，必要时应该在施工地附近设有取暖的休息所。取暖地点的选择和取暖方式应符合化工企业有关防火、防爆和防中毒窒息的要求。

6）脚手架的安全要求。高处作业时用的脚手架和吊架必须能足够承受站在上面的人员及材料等的质量。使用时禁止在脚手架和脚手板上超重聚集人员或放置超过计算荷重的材料。一般脚手架的负荷质量不得超过 270 kg/m^2。

①脚手架材料。脚手架杆柱可采用竹、木或金属管，根据化工检修作业的要求和就地取材的原则选用。

②脚手架的连接与固定。脚手架要同建筑物连接牢固。禁止将脚手架直接搭靠在楼板的木棱上及未经计算过补加荷重的结构部分上，也不得将脚手架和脚手板固定在栏杆、管子等不十分牢固的结构上；立杆或支杆的底端要埋入地下，深度根据土壤性质而定。在埋入杆子时要先将土夯实，如果是竹竿必须在基坑内垫以砖石，以防下沉。遇松土或者无法挖坑时，必须绑设地杆子；金属管脚手架的立杆，应垂直地稳放在垫板上，垫板安置前把地面夯实、整平。立杆应套上由支柱底板及焊在底板上管子组成的柱座，连接各个构件间的铰链螺栓一定要拧紧。

（4）进入设备内作业。

1）定义。进入化工生产区域内的各类塔、球、釜、槽、罐、炉膛、锅筒、管道、容器以及地下室、阴井、地坑、下水道或其他封闭场所内进行的作业均为进入设备作业。

2）进入设备作业证制度。进入设备作业前，必须办理进入设备作业证。进入设备作业证由生产单位签发，由该单位的主要负责人签署。

生产单位在对设备进行置换、清洗并进行可靠的隔离后，事先应进行设备内可燃气体分析和氧含量分析。有电动和照明设备时必须切断电源，并挂上“有人检修，禁止合闸”的牌子，以防止有人误操作伤人。

检修人员凭有负责人签字的“进入设备作业证”及“分析合格单”，才能进入设备内作业。在进入设备内作业期间，生产单位和施工单位应有专人进行监护和救护，并在该设备外明显部位挂上“设备内有人作业”的牌子。

3）设备内安全作业证的管理。

①设备内作业必须办理设备内安全作业证。

②设备内安全作业证由施工单位或交出设备单位负责办理。

③作业单位接到设备内安全作业证后，由该项目的负责人填写作业证上作业单位应填写的各项内容。

④设备内安全作业证安全措施栏填写具体的安全措施。

⑤设备内安全作业证由交出单位和作业单位的领导共同确认，审批签字后方

为有效。

⑥在设备内进行高处作业应按 HG 23014—1999 办理高处安全作业证。

⑦在设备内进行动火作业应按 HG 23011—1999 办理动火安全许可证。

⑧设备内安全作业证须经作业人员确认无误，并由车间值班长或工段长再次确认无误后，方准许作业人员进入设备内作业。

⑨设备内作业如果遇到工艺条件、作业环境条件改变，需重新办理设备内安全作业证后方准许继续作业。

⑩设备内作业结束后，需认真检查设备内外，确认无问题，方可封闭设备。

4）设备内作业安全要求。

①安全隔离。设备上所有与外界连通的管道、孔洞均应与外界有效隔绝。设备上与外界连接的电源应有效切断。管道安全隔绝可采用插入盲板或拆除一段管道进行隔绝，不能用水封或阀门等代替盲板或拆除管道。电源有效切断可采用取下电源保险熔丝或将电源开关拉下后上锁等措施，并加挂警示牌。

②空气置换。凡用惰性气体置换过的设备，在进入之前必须用空气置换出惰性气体，并对设备内空气中的氧含量进行测定。设备内动火作业除了其中空气中的可燃物含量符合动火规定外，氧含量应在 18%～21%的范围。若设备内介质有毒，还应测定设备内空气中有毒物质的浓度。有毒气体和可燃气体浓度应符合《化工企业安全管理制度》的规定。

③通风。要采取措施，保持设备内空气良好流通。打开所有人孔、手孔、料孔等进行自然通风。必要时，可采取机械通风。采用管道空气送风时，通风前必须对管道内介质和风源进行分析确认。不准向设备内充氧气或富氧空气。

④定时监测。作业前 30 min 内，必须对设备内气体进行采样分析，分析合格后办理设备内安全作业证，方可进入设备。采样点要有代表性。作业中要加强定时监测，情况异常立即停止作业，并撤离人员。作业现场经处理后，取样分析合格方可继续作业。涂刷具有挥发性溶剂的涂料时，应做连续分析，并采取可靠通风措施。

⑤用电安全。设备内作业照明，使用的电动工具必须使用安全电压，在干燥的设备内电压≤36 V，在潮湿环境或密闭性好的金属容器内电压≤12 V；若有可燃物质存在时，还应符合防爆要求。悬吊行灯时不能使导线承受张力，必须用附属的吊具来悬吊；行灯的防护装置和电动工具的机架等金属部分应该预先可靠接地。设备内焊接应准备橡胶板，穿戴电气防护用品，焊机托架应采用绝缘的托架，最好在电焊机上装上防止电击的装置而使用。

⑥设备外监护。设备内作业一般应指派两人以上作设备外监护。监护人应了

解介质的理化性能、毒性、中毒症状和火灾、爆炸性；监护人应位于能经常看见设备内全部操作人员的位置，眼光不得离开操作人员；监护人除了向设备内作业人员递送工具、材料外，不得从事其他工作，更不准擅离岗位；发现设备内有异常时，应立即召集急救人员，设法将设备内受害人员救出，监护人应从事设备外的急救工作；如果没有代理监护人，即使在非常时候，监护人也不得自己进入设备内；凡进入设备内抢救的人员，必须根据现场的情况穿戴防毒面具或氧气呼吸器、安全带等防护器具。决不允许不采取任何个人防护而冒险进入设备救人。

⑦个人防护。设备内作业应使设备内及其周围环境符合安全卫生的要求。若在不得已的情况下需戴防毒面具进入设备作业，防毒面具务必事先做严格检查，确保完好，并规定在设备内的停留时间，严密监护，轮换作业；在设备内空气中氧含量和有毒有害物质均符合安全规定时进行作业，还应该正确使用劳动保护用品。设备内作业人员必须穿戴好工作帽、工作服、工作鞋，衣袖、裤子不得卷起，作业人员的皮肤不要露在外面，不得穿戴沾附着油脂的工作服；有可能落下工具、材料及其他物体或漏滴液体等的场合，要戴安全帽；有可能接触酸、碱、苯酚之类腐蚀性液体的场合，应戴防护眼镜、面罩、毛巾等保护整个面部和颈部；设备内作业一般穿中筒或高筒橡皮靴，为了防止脚部伤害也可以穿反牛皮靴等工作鞋。

⑧急救措施。根据设备的容积和形状，作业危险性大小和介质性质，作业前要做好相应的急救准备工作。对直径较小、通道狭窄，一旦发生事故进入设备内抢救困难的作业，进入设备前作业人员就应系好安全带。操作人员在设备内作业时，监护人应握住安全带的一端，随时准备好把操作人员拉上来；设备外至少准备好一组急救防护用具，以便在缺氧或有毒的环境中使用；设备内从事清扫作业，有可能接触酸、碱等物质时，设备外预先准备好大量的清水，以供急救使用。

⑨升降机具。设备内作业用升降机具必须安全可靠。使用的吊车或卷扬机应严格检查，安全装置齐全、完好，并指定有经验的人员负责操作；在设备内使用梯子时，最好将其上端固定在设备壁上，下端应有防滑措施，根据情况也可采用吊梯。

5）进入容器、设备的八个“必须”。原化学工业部颁布的安全生产禁令中有关进入容器、设备的八个“必须”如下：

①必须申请、办证，并得到批准。

②必须进行安全隔绝。

③必须切断动力电，并使用安全灯具。

④必须进行置换、通风。

⑤必须按时间要求进行安全分析。

⑥必须佩戴规定的防护用具。

⑦必须有人在设备外监护，并坚守岗位。

⑧必须有抢救后备措施。

(5) 盲板抽堵作业。

1) 盲板抽堵作业相关定义。盲板抽堵作业指在检修中，设备、管道内存有物料（气态、液态、固态）及一定温度、压力情况下的盲板抽堵作业。

2) 对盲板的技术要求。

①盲板选材要适宜、平整、光滑，经检查无裂纹和孔洞。高压盲板应经探伤合格。

②盲板的直径应依据管道法兰密封面直径制作，厚度要经强度计算。

③盲板应有一个或两个手柄，便于辨识、抽堵。

④应按管道内介质性质、压力、温度选用合适的材料作盲板垫片。

3) 盲板抽堵作业的安全要求。

①盲板抽堵作业必须办理盲板抽堵安全作业证，没有盲板抽堵安全作业证，不准进行盲板抽堵作业。

②严禁涂改、转借盲板抽堵安全作业证。变更作业内容、扩大作业范围或转移作业部位时，必须重新办理盲板抽堵安全作业证。

③对作业审批手续不全、安全措施不落实、作业环境不符合安全要求的，作业人员有权拒绝作业。

④在有毒气体的管道、设备上抽堵盲板时，非刺激性气体的压力应$<$200 mmHg；刺激性气体的压力应$<$50 mmHg；气体温度应$<$60℃。

⑤生产单位负责绘制盲板位置图，对盲板进行编号，施工单位按图作业。盲板位置图由生产单位存档备查。

⑥作业人员应经过个体防护训练，并做好个体防护。

⑦作业需专人监护，作业结束前监护人不得离开作业现场。

⑧作业复杂、危险性大的场所，除监护人外，还需消防队、医务人员等到场。如涉及整个生产系统，生产调度人员和厂生产部门负责人必须在场。

⑨在易燃易爆场所作业时，作业地点 30m 内不得有动火作业。工作照明应使用防爆灯具，并应使用防爆工具。禁止用铁器敲打管线、法兰等。

⑩高处抽堵盲板作业应按 HG 23014—1999 的规定办理高处安全作业证。

⑪施工单位要按盲板抽堵安全作业证的要求，落实安全措施后方可进行作

业。

⑫严禁在同一管道上同时进行两处及两处以上抽堵盲板作业。

⑬抽堵多个盲板时，要按盲板位置图及盲板编号，由施工总负责人统一指挥作业。

⑭每个抽堵盲板处设标牌表明盲板位置。

4）盲板抽堵安全作业证的管理。

①盲板抽堵安全作业证由生产部门或安全防火部门管理。

②盲板抽堵安全作业证由生产单位办理。

③生产单位负责填写盲板抽堵安全作业证表格、盲板位置图、安全措施，交施工单位确认，经厂安全防火部门审核，由主管厂长或总工程师审批。

④审批好的盲板抽堵安全作业证交施工单位、生产部门、安全防火部门各一份，生产部门负责存档。

⑤作业结束后，经施工单位、生产部门、安全防火部门检查无误，施工单位将盲板位置图交生产部门。

（6）吊装作业。

1）定义。吊装作业是利用各种机具将重物吊起，并使重物发生位置变化的作业。

2）吊装作业的分级。

①按吊装重物的质量分级：吊装重物的质量＞80 t时，为一级吊装作业；吊装重物的质量在40～80 t之间时，为二级吊装作业；吊装重物的质量＜40 t时，为三级吊装作业。

②按吊装作业级别分类：一级吊装作业为大型吊装作业；二级吊装作业为中型吊装作业；三级吊装作业为一般吊装作业。

3）吊装作业的安全要求。

①吊装作业人员必须持有特殊工种作业证。吊装质量＞10 t的物体必须办理吊装安全作业证。

②吊装质量大于等于40 t的物体和土建工程主体结构，应编制吊装施工方案。吊装物体质量虽不足40 t，但形状复杂、刚性小、长径比大、精密贵重，或施工条件特殊的情况下，也应编制吊装施工方案。吊装施工方案经施工主管部门和安全技术部门审查，报主管厂长或总工程师批准后方可实施。

③各种吊装作业前，应预先在吊装现场设置安全警戒标志，并设专人监护，非施工人员禁止入内。

④吊装作业中，夜间应有足够的照明。室外作业遇到大雪、暴雨、大雾及六

级以上大风时，应停止作业。

⑤吊装作业人员必须佩戴安全帽，安全帽应符合 GB 2811—2007 的规定。高处作业时必须遵守 HG 23014—1999 的规定。

⑥吊装作业前，应对起重吊装设备、钢丝绳、揽风绳、链条、吊钩等各种机具进行检查，必须保证安全可靠，不准带病使用。

⑦吊装作业时，必须分工明确、坚守岗位，并按 GB 5082—85 规定的联络信号，统一指挥。

⑧严禁利用管道、管架、电杆、机电设备等作吊装锚点。未经机动、建筑部门审查核算，不得将建筑物、构筑物作为锚点。

⑨吊装作业前必须对各种起重吊装机械的运行部位、安全装置以及吊具等进行详细的安全检查，吊装设备的安全装置要灵敏可靠。吊装前必须试吊，确认无误后方可作业。

⑩任何人不得随同吊装重物或吊装机械升降。在特殊情况下，必须随之升降的，应采取可靠的安全措施，并经过现场指挥人员批准。

⑪吊装作业现场如需动火，应遵守 HG 23011—1999 的规定。吊装作业现场的吊绳索、揽风绳、拖拉绳等要避免同带电线路接触，并保持安全距离。

⑫用定型起重吊装机械进行吊装作业时，除遵守本标准外，还应遵守该定型机械的操作规程。

⑬吊装作业时，必须按规定负荷进行吊装，吊具、索具经计算选择使用，严禁超负荷运行。所吊重物接近或达到额定起重吊装能力时，应检查制动器，用低高度、短行程试吊后，再平稳吊起。

⑭悬吊重物下方严禁站人、通行和工作。

⑮在吊装作业中，有下列情况之一者不准吊装：指挥信号不明，超负荷或物体质量不明，斜拉重物，光线不足、看不清重物，重物下站人，重物埋在地下，重物紧固不牢，绳打结、绳不齐，棱刃物体没有衬垫措施，重物越过人头，安全装置失灵。

⑯必须按吊装安全作业证上填报的内容进行作业，严禁涂改、转借吊装安全作业证，变更作业内容，扩大作业范围或转移作业部位。

⑰对吊装作业审批手续不全、安全措施不落实、作业环境不符合安全要求的，作业人员有权拒绝作业。

4）吊装安全作业证的管理。

吊装安全作业证由机动部门负责管理。项目单位负责人从机动部门领取吊装安全作业证后，要认真填写各项内容，交施工单位负责人批准。对于“吊装质量大于等于 40 t 的物体和土建工程主体结构，或虽不足 40 t，但吊物形状复杂、刚性小、长径比大、精密贵重、施工条件特殊的情况”，必须编制吊装方案，并将填好的吊装安全作业证与吊装方案一并报机动部门负责人批准。

吊装安全作业证批准后，项目负责人应将吊装安全作业证交作业人员。作业人员应检查吊装安全作业证，确认无误后方可作业。

(7) 断路作业。

1）定义。断路作业指的是在化工企业生产区域内的交通道路上进行施工及吊装吊运物体等影响正常交通的作业。

2）断路作业的安全要求。

①凡在厂区内进行断路作业必须办理断路安全作业证。

②断路申请单位负责管理施工现场。企业要在断路路口设立断路标志，为来往的车辆提示绕行路线。

③厂区交通管理部门审批断路安全作业证后，要立即书面通知调度、生产、消防、医务等有关部门。

④施工作业人员接到断路安全作业证确认无误后，即可进行断路作业。

⑤断路时，施工单位负责在路口设置交通栏杆、断路标志。

⑥断路后，施工单位负责在施工现场设置围栏、交通警告牌，夜间要悬挂红灯。

⑦断路作业结束后，施工单位负责清理现场，撤除现场、路口设置的挡杆、断路标志、围栏、警告牌、红灯。申请断路单位检查核实后，负责报告厂区交通管理部门，然后由厂区交通管理部门通知各有关单位断路工作结束恢复交通。

⑧断路作业应按断路安全作业证的内容进行，严禁涂改、转借断路安全作业证、变更作业内容、扩大作业范围或转移作业部位。

⑨对断路安全作业证审批手续不全、安全措施不落实、作业环境不符合安全要求的，作业人员有权拒绝作业。

⑩在断路安全作业证规定的时间内未完成断路作业时，由断路申请单位重新办理断路安全作业证。

3）断路安全作业证的管理。断路安全作业证由申请断路作业的单位指定专人办理。

断路安全作业证由厂区交通管理部门审批。申请断路作业的单位在厂区交通管理部门领取断路安全作业证，逐项填写后交施工单位。

施工单位接到断路安全作业证后，填写断路安全作业证中施工单位应填写的内容，填写后将断路安全作业证，交断路申请单位。

断路申请单位从施工单位收到断路安全作业证后，交厂区交通管理部门审批。将办好的断路安全作业证留存，并分别送交厂区交通管理部门、施工单位各一份。

四、装置检修后开车

1. 装置开车前安全检查

检查检修项目是否全部完工，质量是否全部合格，劳动保护安全卫生设施是否全部恢复完善，设备、容器、管道内部是否全部吹扫干净、封闭，盲板是否按要求抽加完毕，确保无遗漏，检修现场是否工完料尽场地清，检修人员、工具是否撤出现场，达到了安全开工条件。具体应完成以下两个方面工作。

（1）清理现场。检修完毕，检修人员检查自己的工作有无遗漏，清理现场，将火种、油渍垃圾、边角废料等全部清除，不得在现场遗留任何材料、器具和废料。

大修结束后，施工单位撤离现场前，要做到“三清”：

1）清查设备内有无遗忘的工具和零件。

2）清扫管路通道，查看有无应拆除的盲板等。

3）清除设备、屋顶、地面上的杂物垃圾。

撤离现场应有计划进行，所在单位要配合协助。凡先完工的工种，应先将工具、机具搬走，然后拆除临时支架，拆除时要自上而下，下方要有人监护，禁止行人逗留；拆除工程禁止数层同时进行；拆下的材料物体要用绳子系下，或采用吊运和顺槽流放的方法，及时清理运出，不能乱抛掷，要随拆随运，不可堆积；电工临时电线要拆除彻底，如属永久性电气装检修完毕，要先检查作业人员是否全部撤离，标志是否全部取下，然后拆除临时接地，遮栏、棚罩等，要检修绝缘，恢复原有的安全防护；在清理现场的过程中，应遵守有关安全规定，防止物体打击等事故发生。

检修完工后，应认真检查，确认无误后对设备、装置等进行试压、试漏、调校安全阀、调校仪表和联锁装置等，对检修的设备、装置进行单体试车和联动试车，经检修和生产部门验收合格后进行交接。

检修竣工后，要仔细检查安全装置和安全措施，如护栏、防护罩、设备孔盖板、安全阀、减压阀、各种计量表、信号灯、报警装置、联锁装置、自控设备、刹车、行程开关、阻火器、防爆膜、接地、接零线等，经过校验使其全部恢复好，并经各级验收合格后方可投入运行。检修移交验收前，不得拆除悬挂的警告牌和开启切断的管道阀门。

检修作业结束后，要对检修项目进行彻底检查，确认没有问题，进行妥善的安全交接后，才能进行试车或开车。每一个项目检修完成后，都要进行自检，在自检合格基础上进行互检和专业检查，不合格要及时返修。

（2）检修质量检查和验收。

1）焊接检验。焊接检验内容包括整个生产过程中所使用的材料、工具、设备、工艺过程和成品质量的检验，分为三个阶段：焊前检验、焊接过程中的检验、焊后成品的检验。检验方法根据对产品是否造成损伤可分为破坏性检验和无损探伤两类。

2）试压和气密试验。任何设备、管线在检修复位后，为检验施工质量，应严格按有关规定进行试压和气密试验，防止生产时跑、冒、滴、漏，造成各种事故。一般来说，压力容器和管线试压用水作介质，不得采用有危险的液体，也不准用工业风或氮气作耐压试验。气压试验的危险性比水压试验大得多，曾有用气压代替水压试验而发生事故的。

3）吹扫、清洗。在新建装置开工前应对全部管线和设备彻底进行清洗，把施工过程中遗留在管线和设备内的焊渣、泥沙、锈皮等杂质清除掉，使所有管线都贯通。

4）烘炉。各种反应炉在检修后开车前，应按烘炉规程要求烘炉。

①编制烘炉方案，并经有关部门审查批准。组织操作人员学习，掌握其操作程序和应注意的事项。

②烘炉操作应在车间主管生产的负责人指导下进行。

③烘炉前，有关的报警信号、生产联锁应调校合格，并投入使用。

④点火前，要分析燃料气中的氧含量和炉膛可燃气体含量，符合要求后方能点火。点火时应遵守“先火后气”的原则，采取防止喷火烧伤的安全措施以及灭火的设施。炉子熄灭后重新点火前，必须再进行置换，合格后再点火。

5）传动设备试车。化工生产装置中机、泵起着输送液体、气体、固体介质的作用，由于操作环境复杂，一旦单机发生故障，就会影响全局。因此，通过试车，对机、泵检修后能否保证安全投料、一次开车成功进行考核。

①编制试车方案，并经有关部门审查批准。

②专人负责进行全面仔细的检查，使其符合要求，安全设施和装置要齐全完好。

③试车工作应由车间主管生产的负责人统一指挥。

④冷却水、润滑油、电机通风、温度计、压力表、安全阀、报警信号、联锁装置等，要灵敏可靠，运行正常。

⑤查明阀门的开关情况，使其处于规定的状态。

⑥试车现场要整洁规范，并有明显的警戒线。

6）联动试车。装置检修后的联动试车，重点要注意做好以下几方面工作：

①编制联动试车方案，并经有关部门审查批准。

②指定专人对装置进行全面认真的检查，查出的缺陷要及时消除，检修资料要齐全，安全设施要完好。

③专人检查系统内盲板的抽加情况，登记建档，签字认可，严防遗漏。

④装置的自保系统和安全联锁装置，调校合格，正常运行灵敏可靠，专业负责人要签字认可。

⑤供水、供气、供电等辅助系统要运行正常，符合工艺要求。整个装置要具备开车条件。

⑥在厂部或车间领导统一指挥下进行联动试车工作。

2. 装置开车

（1）贯通流程。用蒸汽、氮气通入装置系统：一方面扫去装置检修时可能残留部分的焊渣、焊条头、铁屑、氧化皮、破布等，防止这些杂物堵塞管线；另一方面验证流程是否贯通。这时应按工艺流程逐个检查，确认无误，做到开车时不窜料、不憋压。按规定用蒸汽、氮气对装置整个系统进行置换，分析系统氧含量达到安全值以下的标准。

（2）装置进料。装置进料前，要关闭所有的放空、排污、倒淋等阀门，然后按规定流程，经检查无误，启动机泵进料。进料过程中，应沿管线进行检查，防止物料泄漏或物料走错流程；装置开车过程中，严禁乱排乱放各种物料。装置升温、升压、加量，按规定缓慢进行；操作调整阶段，应注意检查阀门开度是否合适，逐步提高处理量，使其达到正常生产为止。

第六章　化工安全事故案例

案例1：氨泄漏事故

◆事故概况及经过

2004年6月15日11：40左右，某化工厂合成车间加氨阀填料压盖破裂，有少量的液氨滴漏。维修工徐某遵照车间指令，对加氨阀门进行填料更换。徐某没敢大意，首先找来操作工，关闭了加氨阀门前后两道阀门，并牵来一根水管浇在阀门填料上，稀释和吸收氨味，消除氨液释放形成的氨雾，又从厂安全室借来一套防化服和一套过滤式防毒面具，佩戴整齐后即投入阀门检修。当他卸掉阀门压盖时，阀门填料跟着冲了出来，瞬间一股液氨猛然喷出，并释放出大片氨雾，包围了整个检修作业点，临近的甲醇岗位和铜洗岗位也笼罩在浓烈的氨味中，情况十分紧急危险。临近岗位的操作人员和安全环保部的安全员发现险情后，纷纷从各处提着消防、防护器材赶来，有的接通了消防水带打开了消火栓，大量喷水压制和稀释氨雾，有的穿上防化服，戴好防毒面具，冲进氨雾中协助处理。闻讯后赶到的厂领导协助车间主任指挥，生产调度抓紧指挥操作人员减量调整生产负荷，关闭远距离的相关阀门，停止系统加氨，事故很快得到有效的控制和妥善的处理，并快速更换了阀门填料，堵住了漏点。避免了一起因严重氨泄漏而即将发生的中毒、着火、有可能爆炸的重特大事故。

◆事故原因

（1）合成车间在检修处理加氨阀填料漏点过程中，未制定周密完整的检修方案，未制定和认真落实必要的安全措施。

（2）合成车间领导在获知加氨阀门填料泄漏后，没有引起足够重视，没有向生产、设备、安全环保部门按程序汇报，自作主张，草率行事，擅自处理。

（3）当加氨阀门填料冲出有大量氨液泄漏时，合成车间组织不力，指挥不统一，手忙脚乱，延误了事故处置的最佳有效时间。

（4）加氨阀门前后备用阀关不死内漏，合成车间对危险化学品事故处置思想上麻痹，重视不够，安全意识严重不足。人员组织不力，只指派一名维修工去处理；物质准备不充分，现场现找、现领阀门；检修作业未做到“7个对待”中的“无压当有压、无液当有液、无险当有险”对待。

◆预防措施

（1）安全环保部责成合成车间把此次加氨泄漏事故编印成事故案例，供全厂各车间、岗位学习，开展事故案例教育，并展开为期1周的事故大讨论，要求人人谈认识，人人写体会，并签字登记在案。

（2）责成合成车间根据此次氨泄漏事故，编制氨泄漏事故处置救援预案，组织全员性的化学事故处置救援抢险抢修模拟演练，要求所有人学会氨泄漏抢险抢修处置方法，把“预防为主”真正落到实处。

（3）合成车间由分管工艺副主任负责组织4大班操作工和全体维修工，进行氨、氢、一氧化碳、甲醇、甲烷、硫化氢、二氧化碳等化学危险品的理化特性以及事故处置方法的安全技术知识培训，由车间安全员负责组织一次全员性的消防、防化、防护器材的使用知识培训，在合成车间内形成一道预防化学事故和防消事故的牢固“大堤”。

（4）结合“安全生产月”活动，发动全厂职工提合理化建议，查找身边事故隐患苗头，力争对事故隐患早发现早整改，及时处理，从源头上堵塞住事故隐患漏洞，为生产创造一个安全稳定的环境。

案例2：1977年“5·4”液体电石灼烫事故

◆事故概况及经过

1977年5月4日16：50，某厂六车间电石炉出炉了6锅电石，出完后就用卷扬机把6锅电石输送到包装冷却区，由行车工朱某把装满液体电石的重锅吊到冷却坪上冷却，把摆在冷却坪上的空锅吊到出炉平车上，准备下次出炉时用。当朱某把第6锅电石吊在东边的冷却架上，接着就把放在西边冷却架上南端的第1个空锅吊到刚吊走重锅的平车上时，孙某、陈某就把第5锅电石吊在刚吊走空锅的位置上，然后依次吊走了其余的4锅电石和三角区南端的4个空锅。但出炉平车上还需要一个空锅，这时孙某、付某就将紧靠西边冷却架南端地下的一个空锅挂起，待行车起吊受力后，孙某朝出炉卷扬机方向走，付某朝堆电石方向走。走了几步，付某就听到一响声，并见西边冷却架端头的重电石锅倾斜下来，紧接着又是一声响，火光冲天，重锅的液体电石全部翻倒在地。这时，坐在旁边的涂某见状就跑了，林某在事故前2 min因气温太热受不了就离开了现场，坐在地下打瞌睡的杨某因未发现，就被液体电石烧伤。随即送至职工医院抢救，经诊断烧伤面积为95%以上，三度烧伤高达66%，由于伤势过重，经多方抢救无效于5月9

日 13：10 死亡。

◆事故原因

（1）放在冷却架上的电石锅悬空，是造成此次事故的直接原因。

（2）杨某违反劳动纪律和安全纪律，是造成此次事故的主要原因。

（3）车间操作规程没有实施细则，未对出炉和行车操作谁指挥作出规定，是造成此次事故的原因之一。

◆防范措施

（1）重新强调电石冷却架上不论放空锅、重锅，要一个一个地靠拢放稳，不准悬空重叠放置。

（2）行车工、出炉挂钩工要互相联系，工作行车下方不准站人、不准行走和做其他工作。若有以上情况发生，行车工要按电铃，以示警告，确认安全无误，方能起吊。

（3）修订、完善规章制度，组织职工认真学习，并严格贯彻执行。

案例 3：南京华晶化工有限公司“3·4”重大死亡事故

1995 年 3 月 4 日下午 14：20，溧水县南京华晶化工有限公司化工分厂磺酸车间发生 1 号离心机在运行过程中解体，造成 3 人死亡的重大死亡事故。

◆事故概况及经过

该化工分厂磺酸车间于 1992 年 10 月竣工投产，产品为对甲苯磺酸。工艺上布设离心工段，共四台离心机，离心机的作用为磺酸脱酸（硫酸）用。

1 号离心机是从原溧水县城郊麻纺厂（现已关闭）购回，该离心机属 SS 型三足离心机，是用于麻纺产品脱胶用，在本厂使用时间较短，购回时经认定为九成新，当时，配套电动机为普通电动机，转速为 960 r/min，后经厂方改造为初速为零、最高速为 960 r/min 的调速电动机。该离心机于 1994 年 8 月更换了一只转鼓，现已使用两年并多次修理，该离心机其他部件都不同程度地进行过修理或更换部件。

1995 年 3 月 3 日上午 8 时，1 号离心机调速电动机控制器内熔丝烧断，经电工曹小荣（经培训取证）检查发现主要是调速电动机上测速器受潮，渗水引起短路所致。后经拆出由电工曹小荣在电炉烘干一天。3 月 4 日上午于先宏（车间副主任）指派电工史绍方（经培训取证）去安装测试，使用万用表 12×1K 测量绝缘程度，指针不动，认为可装，装好后空试电动机时发现调速电动机不转，控制器失灵，随即换上一只新控制器，经快慢反复调试正常后交给班长徐连伙试机，转速额定 50～100 r/min，于上午 10 时左右开始投料生产，由操作工陈百根、徐金根一组投料四次，出成品 400 kg 左右，未发生异常现象，在第五次投料完毕后，即下午 14：20 左右，离心机突然解体，外套和机座、机脚向西南方向飞出，离心机内衬向东北方向飞出，将当班正在操作的陈百根、徐金根二人均砸伤，并把距离离心机 4 m 的吸收工徐孝全同时砸伤。事故发生后，车间人员立即向厂部汇报，全厂全力救护伤者并及时送往县人民医院抢救。徐孝全于当日下午 16：00 抢救无效死亡，徐金根经县人民医院紧急包扎后在送往南京的途中死亡。陈百根于 3 月 5 日上午 6：00 在南京第一人民医院全力抢救无效死亡。

这起事故造成的经济损失达 10.415 万元。

◆事故原因

根据对事故的调查分析和专家组的“技术鉴定报告”，调查组认为这起事故是由于设备老化，腐蚀严重，且设备的完好性尤其是安全性（安全系数几乎没有）不能承受离心机工作时突然增大的离心力，因此，最终解体造成 3 人死亡的重大事故。具体分析如下：

1. 事故的直接原因

（1）1 号离心机完好程度差，无法保证系统的安全运行。

1）转鼓与鼓底连接的不锈钢铆钉仅剩总数的 1/6，其他代用的螺栓材质差、数量少（仅剩 9 只），直径小（为 M10 螺栓），在腐蚀条件下工作，强度下降，所有紧固能力最多只能达到原设备设计要求的 1/3 左右。

2）转鼓上应有三道腰箍，而实际上没有，这使得转鼓的抗离心力强度严重下降。转鼓四周接头的焊缝遇一定的离心力时发生崩绽，断开。

3）支承转鼓的三只摆杆（三足）内的缓冲弹簧因腐蚀严重不能起调节重心加强稳定的作用，使得离心力在局部增大。

（2）因调速电动机及电气线路等原因，离心机经常处于较高的转速并有突然增速的条件。

1）控制电动机的调速器所示的转速与实际不符，电动机实际转速高于调速器所指示转速 20%左右，并带动离心机增速 20%以上。离心机的增速使得离心机的离心力增加。

2）插座短路或断路打火使调速电动机转速突然增速，使得离心机的离心力突然增大。

由于以上两方面的原因，导致在下午上班后的离心机运行过程中，线路发生短路或断路打火，控制器失控，电动机增速带动离心机的转速增大，离心力成倍增加（速度是影响离心力最突出的因素）。转鼓由于紧固螺栓断裂以及没有腰箍开始绽缝（焊缝处），转鼓外缘从圆形向凸轮和漏斗状变化，由于高速旋转的转鼓和物料既产生很大的离心力，也产生一个向上方的分力，以至于造成转鼓与鼓底的分离，并击坏了离心机外罩及罩上方的限量周圆罩，因此向一侧飞出，而被击断的另一侧的支承脚也飞离工作平台，飞出的部分虽是向一侧呈曲线状飞离，同时本身还自转着，因此增大了作用力和破坏力，导致3人被当场被砸伤。

2. 事故的间接原因

(1) 公司设备管理职能部门软弱无力，缺乏专门的技术人员及必要的管理手段，对新增设备及配件没有严格的入厂检验制度与技术审批制度，对离心机的技术性能和危险性认识不足，也没有充分考虑到磺酸车间离心机的维修和改造能力。公司对离心机等设备的选型、维修、改造、保养、使用等环节没有科学的规定，公司、分厂、车间在设备管理体系方面职责不明。

(2) 岗位操作规程不健全，操作工没有严格的岗位操作规程可循。

(3) 安全教育不力，职工的安全知识较差，职工来自农村，文化低、素质差，没有接受过正规的培训和技术教育。企业职工技术素质较低，培训教育不够。

◆事故的责任分析和处理意见

(1) 磺酸车间副主任于先宏分管车间的设备管理工作，对离心机的安全性能及设备状况未做充分了解，就同意几乎没有安全系数的设备进行生产，对安全工作存在严重侥幸心理，对这起事故的发生负有直接责任，建议给予撤职处分。

(2) 磺酸车间主任刘传新负责车间的全面工作，是车间安全生产的第一责任人，对安全工作管理不严，车间岗位操作规程不健全，安全工作不到位。对离心机更换转让的旧转鼓及螺栓等重要配件未严格把关。建议给予行政记大过处分。

(3) 公司副经理兼化工分厂厂长陈敬才负责化工分厂的全面工作，是化工分厂安全生产第一责任人，对所属的磺酸车间安全工作管理不严，对决策更换严重不符合要求的离心机转鼓等重要配件负有不可推卸的责任，建议给予行政记大过处分。

(4) 公司分管设备工作的副书记朱法成分管全公司的设备工作，对公司设备管理混乱，对有危险性的重要设备离心机未作检查督促并未提出任何意见，负有管理责任，建议给予行政记过处分。

(5) 南京华晶化工有限公司经理许秋生负责公司的全面工作，公司制定的安全规章制度在实际工作中没有得到有效贯彻落实，安全工作存在制度不完善、管理不严格、执行不落实等问题且公司设备管理混乱，对该事故应负领导责任，建议公司经理许秋生做出书面检查，在公司大会上检讨，并给予行政记大过处分。

(6) 晶桥乡工业公司（晶桥乡政府安全生产管理职能部门）分管安全生产工

作的副书记武林，对华晶化工有限公司的安全生产工作检查督促不力，建议给予行政警告处分。

(7) 晶桥乡乡长冯传生，是晶桥乡安全生产的第一责任人，对华晶化工有限公司发生重大死亡事故负有领导责任，建议给予行政警告处分。

◆整改建议

为了认真吸取这起重大伤亡事故的深刻教训，杜绝类似事故的发生，调查组针对事故暴露出来的问题，对事故责任单位提出以下整改建议：

(1) 认真吸取事故教训，进一步提高对安全生产的认识，要认真学习贯彻国务院、省、市发布的一系列关于加强安全生产工作的文件，企业转换经营机制过程中，安全工作只能加强，不能削弱。在新建项目、新增设备过程中，要高度重视安全工作并采取切实有效的措施，加强安全工作，特别是对技术较复杂、危险性大的设备，更要把安全生产工作摆在重要位置，努力消除设备的不安全状态和人的不安全行为，杜绝各类事故的发生。

(2) 必须建立健全以企业法定代表人为第一责任人的安全生产责任制；细化各部门和各级各类人员的安全责任，做到“横向到边、竖向到底”，尤其是车间、工段领导的安全责任要落实到人，工作到位。

(3) 化工企业对员工素质要求较高，公司应全面开展、落实安全教育培训工作，努力提高全厂干部职工素质，尤其是安全素质，要将对干部职工安全教育工作制度化、经常化。重点设备、特种设备的操作人员应先教育培训后方可上岗作业。

(4) 鉴于离心机属于连续性生产设备，又在强腐蚀的条件下工作，对这类设备要实行定期强制检修更新的制度，做到该降级限制使用的降级限制使用，该淘汰报废的坚决淘汰报废，并制定离心机从选型、安装、使用、维修、改造等环节的管理制度，以防止类似事故发生。

(5) 企业应根据原化工部《化工企业安全管理制度》及《南京市化工企业安全管理规定》和国家有关安全标准、规定，对公司的安全规章制度进行一次全面检查并加以修订、完善和补充。要重点制定危险性较大的设备、场所、岗位的安全规定并使之落到实处。

案例 4：常熟凯兰集团有限公司“10·1”重大死亡事故

1998 年 10 月 1 日下午 13：45，常熟凯兰集团有限公司污水处理站在对清水池进行清理时发生硫化氢中毒事件，死亡 3 人。

◆**事故经过**

该集团公司技术发展部 9 月 28 日发出节日期间检修工作通知，其中一项任务就是要求污水处理站站长宋某和周某，再配一名小工于10月1日～10月3日进行清水池清理，并明确宋某全面负责监护。10月1日上午宋某等3人完成清理汽浮池后，下午13时左右就开始清理清水池。其中一名外来临时杂工徐某头戴防毒面具（滤毒罐）下池清理。约在下午 13：45，周某发现徐某没有上来，预感情况不好，当即喊叫“救命”。这时两名租用该集团公司厂房的个体业主施某、邵某闻声赶到现场。周某即下池营救，施某与邵某在洞口接应，在此同时，污水处理站站长宋某赶到，听说周某下池后也没有上来，随即下池营救，并嘱咐施某与邵某在池口接应。宋某下洞后，邵某跟随下洞，站在下洞的梯子上，上身在洞外，下身在洞口内，当宋某挟起周某约离池底 50 cm 高处，叫上面的人接应时，因洞口直径小（0.6 m×0.6 m），邵某身体较胖，一时下不去，接不到，随即宋某也倒下，邵某闻到一股臭鸡蛋味，意识到可能有毒气。在洞口边的施某拉邵某一把说：“宋刚下去，又倒下，不好！快起来！”邵某当即起来，随后报警“110”。刚赶到现场的公司保卫科科长沈某见状后即报警“119”，请求营救，并吩咐带氧气呼吸器。4～5 min 后，消防人员赶到，救出3名中毒人员，急送常熟市第二人民医院抢救。抢救无效，于当天下午 14：50 3 人全部死亡。

◆**事故原因**

1. 直接原因

在清水池内积聚大量超标的硫化氢气体而又未作排放处理的情况下，清理工未采用切实有效的防护用具，贸然进入池内作业，引起硫化氢气体中毒，是事故发生的直接原因。

2. 间接原因

（1）清洗清水池的人员缺乏安全意识，对池内散发出来的有害气体危害的严重性认识不足，违反公司制订的清洗清水池的作业计划和操作规程，在未经多次冲水排污，没有确认有无有害气体的情况下，人员就下池清洗，结果造成中毒。

（2）职工缺乏救护知识。当第一个人下池后发生异常时，第二个人未采取有效个体防护措施贸然下池救人。更为突出的是，当两人已倒在池内，并已闻到强烈的臭鸡蛋味时，作为从事多年清理工作的污水处理站站长，竟然也未采取有效个体防护措施，跟着盲目下池救人，使事态进一步扩大，造成3人死亡。

（3）公司和设备维修工程部领导对清水池中散发出来气体的性质认识不足，不知其危害的严重性，同时对职工节日加班可能会出现违章作业，贪省求快的情况估计不足，更没有意识到违章清池可能造成的严重后果，放松了教育和现场监督。

(4) 出事故当天，气温较高（31℃），加速池内硫化氢挥发，加之池子结构不合理（长 8.3 m，宽 2.2 m，深 2 m，且为封闭型，上面只留有 0.6 m×0.6 m 的洞口和在边上留有的进出口管道），硫化氢气体无法散发，造成大量积聚。

综上所述，发生这起事故的主要原因是职工违章操作。

◆事故责任和处理建议

1. 直接责任

按照该公司《污水处理站污水处理治理的暂行规定》，周某是负责污水处理的运行操作，是直接进行污水处理的操作工，他违反操作规程，在未经反复冲洗清水池，让临时安排清理清水池的杂工徐某下池清理，致使徐某中毒死亡，应负直接责任，但他在营救徐某过程中中毒死亡，故不予追究责任。

2. 主要责任

作为负责污水处理日常工作的污水处理站站长宋某，严重失职。他没有按照公司技术发展部下发的作业计划和操作规程执行，对清洗清水池没有尽到监护的责任，以致造成这起事故，应负主要责任。但他在营救徐某和周某过程中中毒死亡，故不予追究责任。

3. 领导责任

(1) 主持设备维修工程部全面工作的副主任，虽然按照清理清水池计划到现场向宋某安排任务，测算工作量，但在具体实施过程中忽视现场安全管理，指导不够，督促检查不力，对这起事故应负直接领导责任。建议对其给予行政记过处分。

(2) 总经理和分管安全生产工作的副总经理忽视节日加班期间的安全生产工作，对职工安全教育不够、管理不严，对这起事故应负一定的领导责任。建议对其二人分别给予行政警告处分。

◆防范措施

(1) 要认真吸取深刻教训，切实加强对安全生产工作的领导，健全各项安全规章制度，修改和完善清理清水池安全操作规程。全面落实各级安全生产责任制，严格考核。对违章违纪严肃处理，决不手软。

(2) 加强对尘毒危害的治理。凡是有尘毒作业的必须进行检测，达不到国家卫生标准的，要限期整改。

(3) 加强对职工安全生产教育与培训。重点要突出岗位安全生产培训，使每个职工都能熟悉了解本岗位的职业危害因素和防护技术及救护知识，教育职工正确使用个体防护用品，教育职工遵章守纪。

（4）强化现场监督检查。凡是临时作出的生产、检修计划，必须制定安全措施、强化现场监督，明确负责人和监护人，严格按计划和规程执行。

（5）企业要添置必要的检测仪器，进入管道、密闭容器、地窑等场所作业，首先要了解介质的性质和危害，对确有危害的场所要检测、查明真相，加强通风置换，正确选择、戴好个体防护用具，并加强监护。

（6）污水处理系统中的清水池形式要改造，将密闭式改为敞开式。

案例5：江阴市周庄龙山人造革厂三分厂“4·7”爆燃事故

2000年4月7日18：45，江阴市周庄龙山人造革厂三分厂牛津布车间发生爆燃并引发火灾，造成4人死亡，2人受伤，火灾烧毁车间内部分成品及半成品，烧损一套涂层生产线，过火面积达670 m^2，直接经济损失25万余元。

◆事故概况及经过

2000年4月7日18：45，江阴市周庄龙山人造革厂三分厂牛津布车间在生产时突然发生爆燃，并引燃车间内堆放的成品及半成品，火势迅速蔓延扩大，当班工人随即报警。18：53，江阴消防大队接警后立即派遣3辆消防车赶赴现场；19：13，消防车赶到现场，此时车间已是一片火海，火势正在向邻近厂房迫近，消防官兵迅速展开扑救，并向无锡消防支队请求增援。19：30左右，江阴消防大队和无锡消防支队领导先后赶到现场，指挥灭火及救援工作。经紧急排查，认定现场还有4名职工。19：43，进入火灾现场救援人员搜寻到两名工人，并确认已死亡；20：05，大火被彻底扑灭；20：10，另两名工人在火场被找到，确认也已死亡。火灾中另有两名工人受伤。

◆事故原因

1. 直接原因

据调查，该厂生产涂层布所用涂层原料主要是丙烯酸酯树脂涂层胶（供货商是吴江市兴塘化工助剂厂，主要成分为丙烯酸酯树脂和甲苯，其中甲苯含量为80%～81%，经取样测定样品的开口闪点低于19℃）和958稀释剂（供货商是江阴市陆桥中心校办溶剂厂，经取样测定样品中合60%的甲苯，样品的开口闪点低于19℃）混合后的胶料。4月7日下午该车间正常生产170T涂层布，其用胶料量为32 g/m^2 布，布料行走速度为34 m/min。到18：00左右，开始转为生产600D涂层布，其用胶料量为80 g/m^2 布，布料行走速度调至为17 m/min，至事故发生时已生产600D涂层布约650 m。由于转产600D涂层布后，用胶料量大为增加，而烘箱内加热温度不变，排风量不变，因而在烘箱内的有机溶剂挥发量增大。

调查组经现场勘察、调查取证、聘请专家技术鉴定，排除了明火和电火花起火的因素。经调查分析，该涂层生产线在烘干过程中，涂布的表层涂料挥发出大量含有甲苯等可燃性混合气体（蒸气），由于烘箱上方排风系统不能及时将烘箱内涂布表层涂料挥发出的可燃性混合气体（蒸气）排出，烘箱内充满可燃性混合气体（蒸气）并达到了爆炸极限；另外，整个涂层生产线没有有效的消静电装置，尤其卷料部分没有任何消除静电的措施，在涂布干燥后的卷取作业中，滚动摩擦的作用产生较高的静电位，并放电产生静电火花，在静电火花的引燃下，卷取端涂布的表层开始燃烧，火焰很快传播至烘箱，引爆烘箱内的爆炸性混合气体，并导致厂房内发生火灾。

综上所述，龙山人造革厂三分厂涂布生产线发生爆燃火灾事故的直接原因是由于生产设备缺乏必要的安全装置，没有有效消除静电的措施，排风系统不能满足工艺安全要求，以致该涂布生产线在涂层、刮料、烘干、卷料的过程中，涂布的表层及烘箱空间内充满了涂料挥发出来的可燃性混合气体（蒸汽），在涂布卷料作业过程中产生的高电位静电放电火花的引燃下，引爆烘箱内的爆炸性混合气体。

2. 间接原因

（1）企业对化学危险物品缺乏应有的了解和认识。该企业的领导、各级干部和职工对生产中所使用的化学危险物品的成分、物理化学特性和危险性都缺乏应有的了解和认识。无知和经济利益的驱动是导致盲目蛮干、造成事故发生的一个重要原因。

（2）工艺设备不符合安全要求。该企业的涂层生产，经涂层、刮料、烘干、卷料等工艺过程，其涂层所用原料含有大量可燃液体，并在烘干过程中蒸发为可燃气体，该生产属于易燃易爆危险作业。

该涂层线是 1997 年由当时的厂长顾长法在上海塑料一厂“星期天工程师”的指导下，参照上塑一厂的钢带机的结构（上塑一厂的钢带机是仿造意大利设备），由购买的旧设备改造制成，其设备、电动机均不防爆，没有有效的静电消除装置，而且排风系统也不能满足工艺安全要求。

企业在 1997 年新增涂层生产线过程中，未按国家规定申报项目，未经过“三同时”审查，以致留下严重的事故隐患。

（3）企业管理比较混乱。

1）作为大量使用化学危险物品的企业，对化学危险物品的采购、保管、领用等没有严格的规定。所购买的化学原料无危险标志、无安全标签、无安全技术说明书；企业对化学危险物品管理没有严格的检验入库、领用等制度，没有对职工进行必要的化学危险物品的危害、防护、应急等知识的教育。

2）生产现场较为混乱。大量成品、半成品放置在生产车间内，厂区内化学危险物品乱堆乱放情况严重。

3）安全管理制度不健全。作为化学危险物品使用单位没有拟订严格的安全操作规程，没有建立各级安全防火责任制，没有对职工进行三级安全教育。

综上分析，调查组认定：该事故是一起由于对生产设备缺乏有效的安全装置、严重违章而造成的责任事故。

◆事故责任分析和有关责任者的处理建议

（1）龙山人造革厂三分厂，企业管理混乱，安全管理制度不健全、规章制度不落实，对化学危险物品知识缺乏应有的了解，安全生产防火防爆认识不足，职工缺乏安全教育培训，生产作业现场事故隐患丛生，违反《中华人民共和国消防法》及国务院《化学危险物品安全管理条例》等法律法规。根据江阴市龙山股份制企业董事局章程和龙山人造革厂三分厂股份制企业章程，三分厂具有自主经营权，独立行使产、供、销及人、财、物等各项决策；企业实行厂长负责制，分厂厂长是企业的最高经营管理者。因此，三分厂厂长应对这起事故负有主要责任。建议对三分厂厂长赵颖益依法追究法律责任。

（2）龙山人造革厂三分厂隶属龙山人造革厂，而龙山人造革厂对不具备法人资格的三分厂放松管理，只下达经济指标、不实施安全管理，对三分厂长期以来存在的严重违反国家有关安全防火法律法规的情况放任自流，属严重失职行为。龙山人造革厂法定代表人蒋建恩对这起事故应负有直接领导责任。建议对蒋建恩给予党内严重警告处分，并给予一定的经济处罚。

（3）龙山人造革厂三分厂在建厂以及新增涂层生产线项目时，未按国家有关法律法规的规定，办理项目审批手续及“三同时”审查验收；改造制作的涂层生产设备不符合使用化学危险物品管理规定的工艺要求，留下严重的事故隐患。因此，原三分厂厂长顾长法对这起事故的发生负有不可推卸的重要责任。鉴于由顾长法任法定代表人的企业于 4 月 9 日也发生火灾事故，对顾长法的责任建议在 4 月 9 日火灾事故处理中一并追究。

（4）龙山人造革厂是江阴龙山集团公司的下属企业，长期以来对所属企业没有实行安全防火责任制，没有履行主管部门的安全管理职责，属严重失职行为。江阴市龙山集团公司董事长兼总经理承泉兴对这起事故负有领导责任。建议对承泉兴给予党内警告处分。

（5）根据江阴市周庄镇政府安全防火管理体系，龙山人造革厂属鸡龙山村领导。在周庄镇政府每年下达安全防火目标管理责任书后，村委没有对下属企业实施分解落实，造成政府对企业的安全管理断层、失控，属失职行为。作为鸡龙山村安全防火第一责任人、村委主任薛纪昌对事故的发生负有领导责任。建议对薛纪昌给予党内警告处分。

（6）江阴市周庄镇政府辖区内的企业在安全防火工作方面检查督促不力，安全防火管理出现漏洞，如对鸡龙山村在安全管理薄弱、安全责任不落实、事故隐患长期存在的情况未能及时发现和整改。因此，周庄镇政府长期分管工业生产的副镇长徐建中负有一定的领导责任；镇政府分管安全工作的副镇长胡仁祥、镇政府主要领导镇长沈国兴也应负有一定的领导责任。建议对徐建中给予行政警告处分；对胡仁祥、沈国兴给予通报批评。

（7）向龙山人造革厂三分厂提供丙烯酸酯树脂的江苏省吴江市兴塘化工助剂厂、提供958稀释剂的江阴市陆桥中心校办溶剂厂和张家港杨舍化工物资站三家厂商，均违反国务院《化学危险物品管理条例》和有关危险化学品国家标准，三家企业均无化学危险物品安全生产许可证、产品出厂时产品包装桶上没有“危险物品包装标志”，没有挂贴“危险化学品安全标签”，没有向使用单位提供“危险化学品安全技术说明书”等有关资料，因此，上述企业对龙山人造革厂三分厂“4·7”爆燃事故的发生负有一定间接责任。据此，建议江阴市有关部门对江阴市陆桥中心校办溶剂厂吊销营业执照并处以罚款，并对其法人代表和有关责任人依法追究相应责任。对江苏省吴江市兴塘化工助剂厂、张家港杨舍化工物资站建议由省及当地有关部门依照法律法规的规定严肃处理。

案例6：吉化“11·13”特大爆炸事故及松花江特别重大水污染事件

◆事故概况及经过

2005年11月13日，中国石油天然气股份有限公司吉林石化分公司双苯厂硝基苯精馏塔发生爆炸，造成8人死亡，60人受伤，直接经济损失6 908万元，并引发松花江水污染事件。国务院事故及事件调查组认定，中石油吉林石化分公司双苯厂“11·13”爆炸事故和松花江水污染事件是一起特大生产安全责任事故和特别重大水污染责任事件。

◆事故原因

（1）爆炸事故的直接原因。硝基苯精制岗位外操人员违反操作规程，在停止粗硝基苯进料后，未关闭预热器蒸气阀门，导致预热器内物料汽化；恢复硝基苯精制单元生产时，再次违反操作规程，先打开了预热器蒸汽阀门加热，后启动粗硝基苯进料泵进料，引起进入预热器的物料突沸并发生剧烈振动，使预热器及管线的法兰松动、密封失效，空气吸入系统，由于摩擦、静电等原因，导致硝基苯精馏塔发生爆炸，并引发其他装置、设施连续爆炸。

（2）爆炸事故的主要原因。中国石油天然气股份有限公司吉林石化分公司及双苯厂对安全生产管理重视不够，对存在的安全隐患整改不力，安全生产管理制度存在漏洞，劳动组织管理存在缺陷。

（3）污染事件的直接原因。双苯厂没有事故状态下防止受污染的“清净下水”流入松花江的措施，爆炸事故发生后，未能及时采取有效措施，防止泄漏出来的部分物料和循环水及抢救事故现场消防水与残余物料的混合物流入松花江。

（4）污染事件的主要原因。

1）吉化分公司及双苯厂对可能发生的事故会引发松花江水污染问题没有进行深入研究，有关应急预案严重缺失。

2）吉林市事故应急救援指挥部对水污染估计不足，重视不够，未提出防控措施和要求。

3）中国石油天然气集团公司和股份公司对环境保护工作重视不够，对吉林石化分公司环保工作中存在的问题失察，对水污染估计不足，重视不够，未能及时督促采取措施。

4）吉林市环保局没有及时向事故应急救援指挥部建议应采取的措施。

5）吉林省环保局对水污染问题重视不够，没有按照有关规定全面、准确地报告水污染程度。

6）环保总局在事件初期对可能产生的严重后果估计不足，重视不够，没有及时提出妥善处置意见。

参考文献

［1］蒋军成．2007．化工安全［M］．北京：中国劳动社会保障出版社．

［2］田震．2007．化工过程安全［M］．北京：国防工业出版社．

［3］蒋军成主编．2009．危险化学品安全技术与管理［M］．北京：化学工业出版社．

［4］王凯全．2007．化工安全工程学［M］．北京：中国石化出版社．

［5］夏洪永，俞章毅．2008．电气安全技术［M］．北京：化学工业出版社．

［6］杨永杰，康彦芳．2008．化工工艺安全技术［M］．北京：化学工业出版社．

［7］赵耀江．2006．危险化学品安全管理与安全生产技术［M］．北京：煤炭工业出版社．

［8］张海峰主编．2008．危险化学品安全技术全书［M］．北京：化学工业出版社．

［9］张荣．2009．危险化学品安全技术［M］．北京：化学工业出版社．

［10］中国石油化工集团公司安全环保局．2005．石油化工安全技术［M］．北京：中国石化出版社．